深井降温技术

陈 柳 著

U0352858

北 京

冶 金 工 业 出 版 社

2019

内 容 提 要

本书基于作者团队在深井降温技术的研究成果,以高温深井为研究对象,研究并揭示深井热害形成机理和迁移机理,研发高效节能的深井降温系统,为进一步有效治理深井热害、提高工作面的舒适性提供理论和技术支持。在深井热害形成机理方面,对干燥围岩、多孔介质围岩和稀疏裂隙围岩分别建立传热模型,进行数值模拟求解,获得围岩传热规律,并对模拟结果进行了相似模拟实验验证;在深井热害迁移机理方面,对深井风流对流换热进行理论和实验研究,揭示深井风流对流换热规律,并建立深井风流对流换热的实验关联式;在深井热害控制方面,提出深井单转轮吸附降温系统和深井双转轮吸附降温系统,获得在深井环境下,主要运行参数对系统关键部件转轮除湿机和两种系统的降温除湿性能及能耗性能的影响。

本书可供从事矿井降温工作、深部地下空间环境控制及深井地热开发和利用的科研、设计人员阅读,也可供高等院校相关专业师生参考。

图书在版编目(CIP)数据

深井降温技术/陈柳著. —北京:冶金工业出版社,2019.8

ISBN 978-7-5024-8206-0

Ⅰ.①深… Ⅱ.①陈… Ⅲ.①深井—降温—研究

Ⅳ.①TE2

中国版本图书馆 CIP 数据核字(2019)第 175943 号

出 版 人　谭学余
地　　　址　北京市东城区嵩祝院北巷 39 号　邮编　100009　电话　(010)64027926
网　　　址　www.cnmip.com.cn　电子信箱　yjcbs@cnmip.com.cn
责任编辑　杨　敏　美术编辑　彭子赫　版式设计　禹　蕊
责任校对　郑　娟　责任印制　牛晓波

ISBN 978-7-5024-8206-0

冶金工业出版社出版发行;各地新华书店经销;三河市双峰印刷装订有限公司印刷
2019 年 8 月第 1 版,2019 年 8 月第 1 次印刷
169mm×239mm;7 印张;151 千字;105 页
42.00 元

冶金工业出版社　投稿电话　(010)64027932　投稿信箱　tougao@cnmip.com.cn
冶金工业出版社营销中心　电话　(010)64044283　传真　(010)64027893
冶金工业出版社天猫旗舰店　yjgycbs.tmall.com
(本书如有印装质量问题,本社营销中心负责退换)

前　言

浅部矿产资源的逐渐减少和枯竭使深部开采成为矿产资源开发中的常态。随着开采深度的增加，原岩温度不断升高，热害现象越加显著，已成为制约矿井安全开采的重大问题。热害的存在制约了采矿效率、影响矿工身心健康，而且部分吸附瓦斯会随环境温度升高而释放，威胁矿山生产安全。因此，治理高温热害迫在眉睫。

现有深井降温技术存在以下两大共性问题：

（1）能耗大。目前的深井降温系统能耗大，尤其是制冷机组能耗大。绝大多数系统均采用了制冷机组，且大都需要较低的蒸发温度，致使制冷机组效率低、能耗大。

（2）湿度大。目前的深井降温系统的除湿能力都很有限。矿井最适宜的相对湿度为50%～60%。但据调查，我国深井下空气相对湿度常年在80%以上。

因此，研制能耗低、降温降湿效果好的新型的深井降温系统迫在眉睫。吸附降温能有效进行深度除湿，并能利用废热等低品位热能，克服传统深井人工制冷降温系统除湿量小和电耗大的缺点，因此作者提出新型深井吸附降温系统。要研究新型深井降温系统，必须对热害形成的主要原因——深部围岩传热以及围岩与风流的迁移交换机理进行详细研究。

本书以高温深井为研究对象，研究并揭示深井高温高湿形成和迁移机理，研发新型深井吸附降温系统。全书共分4章：

第1章主要介绍热害形成机理、迁移机理及热害控制的研究进展。

第2章主要介绍热害形成机理研究，包括干燥围岩、多孔介质围岩及裂隙围岩传热模型建立、数值模拟研究及实验验证。

第 3 章主要介绍热害迁移机理研究，包括深井风流对流换热相似准则数的确定、深井风流对流换热相似实验研究及深井风流对流换热实验关联式的确定。

第 4 章主要介绍新型深井吸附降温系统，包括对吸附降温系统关键部件转轮除湿机的研究、单转轮吸附降温系统的研究以及双转轮吸附降温系统的研究。

本书内容是作者研究团队的最新研究成果，在撰写过程中得到了西安科技大学姬长发教授的关心指导，研究生杨岚、王玉娇、韩斐、张瑜、余卓雷及陈思豪在课题研究中做了许多工作，在此，谨向他们表示衷心的感谢。

本书的出版和涉及的研究得到了国家自然科学基金项目"温湿度独立控制深井降温系统研究"（编号：51404191）的资助，在此表示衷心的感谢。

虽然在深井热害形成机理、迁移机理及热害控制研究方面取得了一定的成果，但仍有许多内容有待进一步深化、拓展和完善。

由于作者的水平有限，书中难免出现不妥之处，敬请专家和读者批评指正。

作　者

2019 年 6 月

目　　录

1 绪 论

1.1 研究目的及意义

随着我国经济的快速增长和人民生活水平的不断提高，能源的总需求量逐年增长。然而，由于长期开采，浅部资源日渐枯竭，很多矿井开采不得不向深部发展，由于采掘深度的增加和其他热源的放热作用，高温高湿已成为制约深井安全生产的突出问题。工人长时间在高温高湿的环境中劳作，会产生头晕、心慌、乏力、烦闷等不适，身体的健康状况受到影响[1]。据日本、俄罗斯、中国的高温矿井统计，矿内工作面风流温度每超过标准1℃，工人的劳动生产效率将降低6%~8%。我国高温矿井的劳动生产率都较低，有的甚至仅为30%~40%。据国外统计，气温升至32℃时生产率降低5%左右，升至34℃将会降低50%[2,3]。此外，井下的高温高湿环境在降低劳动生产率的同时还会使产值减少，增加高温补贴等额外费用，高湿环境还会加快电缆、电机等设备的老化，影响经济效益。当温湿度达到一定高度时，矿石中可燃物的氧化过程加快，将加剧有毒气体的释放，对人体造成危害[4]。

研究深井的降温技术，对进一步改善工作面的气候条件具有重要的现实意义。本书以高温深井为研究对象，研究并揭示深井热害形成机理和迁移机理，研发高效节能的深井降温系统，为进一步有效治理深井热害、提高工作面的舒适性提供理论和技术支持。

1.2 国内外研究现状

1.2.1 围岩传热国内外研究现状

地球是个热体，它不断把热量散发到空间，同时又接受太阳的辐射热量而吸热。散热和吸热之间的平衡关系，决定了地壳最上层的温度场。通过研究得到，地壳在地热和太阳辐射热的共同作用下形成三个垂直分布的温度变化层带，即变温带、恒温带和增温带[5]。因为恒温带多为数十米深，而矿井的开采深度为几百米，甚至1000m以上，远远大于恒温带的深度，这样井下围岩表面就会发生放热反应，随着矿井深度的增加，地温随之升高。据有关分析资料表明，平均地温梯度为（24.8±3.4）℃/km[6]，可见矿井高温热害的主要成因是井下围岩放热。

除了围岩放热之外，有些矿物，如硫化矿，在氧化时会向外放热；热水型矿井中，在缝隙流动的热水会向外放热；同时井下的机电设备、照明设备及人体等也会向外散热，这些也是热害成因之一。井下热害成因的影响程度因地理位置、气候条件、巷道功能和开采深度的不同而不同。除围岩之外的热害成因已有较实用的放热量计算方法[7]。围岩放热是矿井热害的主要热源[8]，围岩放热的机理非常复杂。因此，要解决矿井热害问题，首要任务是研究围岩放热特性。

许多学者利用理论分析的方法求解矿井围岩传热的解析解。孙培德采用拉氏变换计算了不稳定换热系数的表达式及其近似解析式[9]。秦跃平等通过分析巷道围岩不稳定换热系数的变化特征，采用有限差分法得出了不稳定换热系数随傅里叶数的变化特性[10]。吴强等采用有限元分析法对非均质巷道围岩的非稳态热传导进行分析，利用编制的计算机程序分析了某一典型矿井围岩温度场在时间和空间上的分布规律[11]。张树光等建立了典型热害矿井非稳态传热的数学模型，对巷道围岩内部温度场随深度和风流速度变化进行了定量研究，结果表明，深度对围岩温度场的扰动强于风流速度，温度随深度的增加而呈现阶段性递增[12]。高建良等分析了考虑潜热条件下原岩温度和风流参数对围岩温度分布规律及调热圈半径的影响，结果表明，巷道壁面水分蒸发和风流相对湿度对靠近壁面处围岩温度分布影响很大，但是对调热圈半径的影响很小；同时调热圈半径及其内部的温度分布受岩石导温系数影响较大[13]。张习军等利用导热和对流理论对巷道围岩进行热分析，分析得出围岩温度场受通风时间、围岩物性参数、风流物性参数等因素影响，且巷道围岩调热圈半径随通风时间的增加而逐步向围岩深部延伸[14]。王世东等分析了裂隙条件下围岩温度场变化特征及其主要影响因素，采用数值模拟方法研究了裂隙水流参数对围岩内部温度场的影响规律；同时分析了含有裂隙的围岩温度场与热环境下的裂隙水之间的相互影响及主要特征[15]。樊小利等利用异步长半显式差分格式定量分析解算出围岩温度场的分布特征[16]。张源等将巷道围岩传热问题简化为一维半无限大空心薄片的非稳态导热问题，采用方程分析法和量纲分析法，推导出巷道围岩导热的相似准则为傅里叶数 Fo、毕渥数 Bi 和 R，以及围岩与风流对流换热的努谢尔特数 Nu、雷诺数 Re 和普朗特数 Pr[17]。刘何清等将"巷道围岩变温圈趋于稳定时的外缘半径处温度变化率趋于零，可近似理解为变温圈趋于稳定时，半径为 R_0 处围岩环形面单位面积导热量趋于 0"的特点描述为变温圈内导热微分方程求解的第二类边界条件；通过分离变量法将巷道围岩内部导热微分方程转换成斯特姆-刘维尔解问题，推导得出巷道围岩内部温度分布函数，求得围岩内部温度分布函数在壁面的温度梯度，得到巷道围岩不稳定传热系数的解析式[18]。

更多学者应用数值模拟的方法求解矿井围岩传热方程，获得围岩传热规律。Roy 等采用 CLLMA 程序对深部矿井巷道进行分析，采用有限差分模块对井下温度进行计算，获取了围岩温度变化曲线[19]。孙培德应用有限元理论对巷道围岩温度场的特点进行了模拟，揭示了温度场与四维空间的时空关系[20]。张树光基于传热和渗流理论建立深部矿井围岩传热模型，采用 MATLAB 软件对深埋巷道围岩温度场进行了数值求解，获得了在风流和渗流耦合作用下围岩的温度场和温度矢量分布。研究结果表明，无渗流状态下温度场和温度矢量呈对称分布，风流速度对温度分布有明显的影响，但不改变其对称分布的状态；渗流改变了温度场和温度矢量原有的对称分布的状态，热交换平衡区随着渗流速度的增加，将向顺渗流的方向移动[21]。黎明镜给出巷道围岩温度场受不同的风流冷却时间的无因次解析式，用有限元软件 ANSYS 针对某典型矿井计算出围岩温度场的分布；通过数值计算结果与解析解比较，结果表明解析解与数值解吻合程度较好[22]。张庆松等建立了三维数值模型，应用有限差分软件 FLAC 3D 对含低温水构造影响下岩体的热扩散效应进行了模拟，分析了岩体温度场的响应规律，得出水体的温度影响范围为 25m，并总结了岩体温度场拟合曲线的经验公式[23]。谭贤君等推导出考虑通风影响的寒区隧道围岩温度场模型，采用数值分析方法探讨某典型隧道通风条件下围岩温度场的变化规律。研究结果表明，隧道未开挖前，随着季节的变化，山体浅部温度出现明显变化，该变化较明显的深度为 18m[24]。陈柳等应用固体导热的理论，忽略一些次要因素的影响得到矿井围岩传热的数学模型；应用 COMSOL 模拟软件，计算得到矿井围岩温度场的分布规律，讨论了矿井通风时间、围岩导热系数、围岩径向位移、风流温度和原始岩温对矿井围岩温度场的影响。研究表明，影响围岩调热圈半径的主要因素是通风时间和围岩的导热系数，围岩调热圈半径随通风时间的增加及围岩导热系数的增加而增加；影响围岩温度梯度的主要因素是通风时间、风流温度和原始岩温，围岩温度梯度随通风时间的减少、风流温度的减小和原始岩温的增加而增加[25]。秦跃平等建立了周期性变化边界条件下的一维非稳态导热控制方程，编写 VB 程序求解得到以下结论：围岩体各处的温度随时间周期性地波动，并且温度波动的振幅随围岩深度的延伸呈负指数规律变化，围岩体不同层面上的温度波具有振幅衰减和波动延迟[26]。孔松等[27]建立了动坐标下某典型工作面的围岩温度场数学模型，经无因次化后利用有限体积法对模型进行离散，并编制解算程序。研究结果表明，不稳定换热准数与毕渥数、贝克莱数呈正相关[27]。宿辉等以某典型工程为例，采用 ANSYS 软件对隧洞围岩高温段自然通风进行模拟研究，分析表明，随着自然通风和降温措施时间的增加，巷道内部温度逐渐降低，最后达到平衡状态[28]。何发龙等以原岩温度、调热圈半径、热导率为影响因素，以巷道壁面温度为目标因子，进行正交试验分析，得出各因素对壁面温度的影响程度依次为原岩温度>热导率>调热圈半径；并探讨巷道通风时间因素和调热圈半径之间的联系，得到调热圈半径与通风时间呈负指数型函数关系[29]。陈柳等人建立了矿井巷道裂隙密集性围岩渗流和传热耦合模型，应用 COMSOL Multiphysics 有限元分析软件实现了矿井巷道裂隙围岩温度场的分布模拟，并分析了矿井通风时间、围岩孔隙率、围岩渗透率、固体导热系数、围岩初温和通风温度对温度场分布的影响[30]。

相似模拟实验方法也可以用于研究矿井围岩传热特性。王义江自行研制了"巷道围岩及风流传热传质试验系统"，对均质干燥围岩和含水围岩温度场进行研究。结果表明，无量纲温度与 Fo 数可用多项式形式回归；温度与无量纲半径为对数关系；裂隙场对围岩温度分布影响较大；含水围岩与干燥围岩的温度场分布类似，但由于汽化潜热的作用，在通风初期含水岩体靠近壁面处的温度变化率较大[31]。张源基于相似理论搭建"高地温巷道热湿环境相似模拟试验台"，对围岩温度场进行了研究。研究结果表明，巷道通风后，在巷道的径向方向随着深度的增加温度按指数型函数逐渐增大；巷道围岩温度随通风时间以希尔方程关系逐渐降低[32]。高阳等对含水构造附近的巷道掘进进行试验模拟，对掘进过程中围岩变形和渗流边界条件改变引起的渗流场、温度场的变化规律进行了分析[33]。

1.2.2　围岩与风流对流换热国内外研究现状

日本的平松良雄在 1955 年提出围岩与风流的传热模型，分析了时间变化对风流温度的影响规律，并提出了风流温度近似计算方法[34]。日本的内野健一研究了调热圈温度场在巷道形状和岩性条件改变下的分布规律，并提出了在湿环境下风流热交换的计算方法[35]。Standfield 等推导出了更加精确的不稳定传热系数计算公式[36]。杨德源针对矿井内风流建立了预测模型，并提出了计算方法[37]。侯祺棕等研究和分析了围岩和风流的热湿交换规律，提出了湿环境下的温度计算模型[38]。周西华、秦跃平等针对井下传热传质和围岩与风流的换热进行了研究和计算[39,40]。程卫民提出了在预测巷道温湿度时可以利用神经网络进行计算[41]。周西华等通过对矿内风流与巷壁换热过程的理论分析，得出了围岩与风流的不稳定对流换热系数的解析式、理论解和实用式[39]。高建良等分析了巷道壁面水分蒸发情况下，通风时间、岩石的热物理性质、巷道几何尺寸、巷道风流与围岩壁面的对流换热系数、壁面湿度系数与风流相对湿度的变化对围岩温度分布及调热圈半径的影响[13]。刘何清等人对巷道热湿交换体系内显热、潜热交换与表面温度、空气状态温湿度的关系进行分析，通过饱和水蒸气分压力与温度的关系引入刘易斯关系，将对流质交换系数用对流换热系数的函数关系表示，将高温矿井湿润巷道表面与风流间热湿交换的计算式进行了适度的简化，得出了潜热和全热量的工程简化计算式[42]。

许多学者通过理论分析获得了对流换热系数的理论解[43~45]，但理论解是通过对矿井巷道风流对流换热进行了大量的假设后获得的，研究结果与实际偏差较大。G. Danko[46]等对矿井巷道壁面的传热和传质现象进行了数值模拟，得到了矿井巷道壁面的传热和传湿规律。赵运超[47]、肖林京[48]等人在通风或降温条件下，对巷道及采掘工作面风流速度场和温度场的分布规律进行了数值模拟，得出速度场和温度场分布的一般规律。

1.2.3 矿井降温国内外研究现状

深井降温主要采用人工制冷降温技术。根据载冷剂的不同，常用深井人工制冷降温技术可以分为空气降温系统、热电乙二醇降温系统、冰降温系统、水降温系统和新型降温系统。

1.2.3.1 空气降温系统

空气降温系统主要是将空气压缩为液态后输送到井下，压缩空气在井下膨胀后吸热，达到降温的目的。

1989 年南非金矿建成了压缩空气降温系统，利用压缩空气作为供冷介质，直接向采掘工作面喷射制冷。该系统采用压缩空气作为载冷介质，大大减小了风管的断面积，而且系统简单、应用灵活。1993 年平顶山矿务局和原 609 研究所联合研制了矿用无氟空气制冷降温机组，该机组在平煤五矿进行了应用[49]。

该降温方式需要矿井具有充足的压缩气源，且由于压缩空气的吸热量有限，降温能力受到限制，对于冷负荷较大的我国深部矿井降温并不适用。

1.2.3.2 热电乙二醇降温系统

热电乙二醇降温系统是利用矿井余热，通过溴化锂冷水机组和乙二醇制冷机组提取低温乙二醇，作为冷源供给井下降温。

2007 年，平煤四矿利用焦炉煤气发电后烟气余热和坑口电厂余热，建成热电乙二醇矿井降温系统，实施工作面降温后，采煤工作面温度下降了 7~8℃，掘进工作面迎头温度最高下降了 8.8℃，相对湿度由 98% 下降到 80% 左右[50]。2008 年，平煤十一矿建成了国内最大的热电乙二醇矿井降温系统，总制冷量为 12MW，并于 2009 年 6 月投入运行[51]。

热电乙二醇降温系统能充分利用瓦斯电厂及矸石电厂余热，因此适用于有余热可利用的矿井，但该系统冷量提取较小、设备操作较复杂。

1.2.3.3 冰降温系统

冰冷却降温系统主要是利用地面制冷机制取冰块、片冰或冰浆（冰水混合物），通过风力或水力输送至井下融冰池，融冰后形成冷水送至工作面，采用空气冷却器或喷淋等方式对工作面进行降温。根据制取冰的形态不同，可将冰降温系统分为冰块降温、片冰降温和冰浆降温三种形式。

（1）冰块降温。1992 年，平煤八矿实施了冰块降温系统，采掘工作面降温
4~6℃，但运冰不方便，且成本高[51]。

（2）片冰降温。1986 年南非 Harmony 金矿首次采用片冰进行井下降温，取
得了一定的降温效果，现在已经停止运行。该系统在我国新汶孙村煤矿、唐口煤
矿及神火集团泉店煤矿等得到了较好的应用[52~54]。

由于制取冰块和片冰需要的蒸发温度在 -25℃ 以下，且在制取过程中由水变
成冰，再由冰变成水，能量浪费大、效率低，而且在运行过程中冰堵严重、维护
费用高，故发达国家已经淘汰冰块机和片冰机，取而代之的是冰浆机。

（3）冰浆降温。冰浆降温系统是南非深井开采普遍采用的降温技术，最早
应用于英美矿业母朋能金矿（南非），降温前工作面风温为 55℃，降温后风温为
28℃，降温效果明显[55]。2007 年在平煤集团六矿综采工作面应用，实施降温措
施后，工作面环境温度最高降低 6.9℃[55]。2011 年孔庄煤矿先后对比分析各种
降温系统，最终选择冰浆降温设计方案[56]。

冰降温系统利用冰的溶解潜热进行降温，获得相同冷量所需的冰量仅为水冷
系统水量的 1/5~1/4，因此，该系统具有制冷速度快、制冷效果好的优点；但是
应用也表明，冰降温系统会增加工作环境湿度，并容易出现输冰管路堵塞以及运
行费用高等问题。

1.2.3.4 水降温系统

水降温系统是通过制冷机组制取低温冷冻水，经水管输送至空冷器，在空冷
器散冷得到冷却风流，冷却风流输送到工作面对高温空气进行降温。根据制冷站
所在位置的不同，深井常用的水降温系统有井上集中式系统（制冷站在地面）
和井下集中式系统（制冷站在井下）。

A 井上集中式系统

1915 年，在巴西的莫劳约里赫金矿建立的世界上第一个矿井空调系统就是
井上集中式系统，在地面建立了集中制冷站。Castillo 等[57]介绍了南非
Rustenburg 省 Impala 白金矿的降温和储能系统。该矿有 2 对不同深度的立井，分
别连接 23 个水平，最深水平为 1300m。通过对比分析，得出适合该矿井的降温
方式是地面集中氨制冷系统。此外，德国 Lbbenbüren、南非 Impala Platinumfs 矿
等煤矿也采用了地面集中制冷系统。[58,59]

新汶矿区的孙村煤矿于 1992 年设计了井上集中式系统，1995 年进行试运转。
设计为 -1000 水平开采时四个回采工作面、16 个掘进工作面服务。试运行后，因
各方面原因一直未再运行[60]。新集集团刘庄煤矿采用了地面集中式空调系统，
制冷量约为 5.8MW，地面布置 2 台制冷机[61]。

B 井下集中式系统

1929 年，苏联 MonoAelho 矿安装了第一个井下集中空调降温系统[62]。德国 Sophia Jacoba Gmbh 煤矿也采用井下集中制冷、井下排热系统[58]。

1987 年，新汶矿务局设计了我国第一个井下集中式降温系统，制冷能力为 2326kW[63]。2002 年，新汶矿区的孙村煤矿把 −800m 井下集中式降温系统用于回采工作面，干球平均温度降幅为 2.95℃。2008 年，巨野矿区赵楼煤矿采用了井下集中式系统，通过现场实测，矿井 1302 工作面干球温度降温为 26.4℃，相对湿度为 85%，其他工作面的温度也降为 27℃ 左右，相对湿度保持在 86% 左右。此外，中平能化集团天安五矿和徐州矿务集团张集矿等也采用了井下集中式系统[64,65]。

应用结果表明，对于井上集中式系统主要存在大深度、高压力和造价高等问题；对于井下集中式系统，主要存在排热困难、降温效果差和运行费用高等问题。

此外，水降温系统还有井上、井下联合降温系统和局部降温系统，井上、井下联合降温系统在地面、井下同时设置制冷站，冷凝热在地面集中排放，该系统设备布置分散，管理复杂，国内外应用较少；局部降温系统制冷量小，一般仅用作深井降温系统的辅助手段。

1.2.3.5 新型降温系统

为了使深井降温系统向节能环保方向发展，科技工作者研究了其他新型降温系统，主要有以下几种：

(1) 矿井涌水降温系统。何满潮等[62]提出了以矿井涌水为冷源的 HEMS 降温技术，运用提取出的冷量与工作面高温空气进行换热作用，降低工作面的环境温度及湿度。2007 年，在夹河矿建立了降温系统并做了相关研究，验证了该系统可使工作面温度降低 4~6℃，相对湿度降低 5%~10%，最高温度可控制在 28~29℃。该系统还在徐州矿区、湖南资业矿业集团周源山煤矿等矿区得到了应用[66,67]。

矿井涌水降温系统耗能较低，但应用的前提是矿井涌水量较大且其温度不宜太高。

(2) 冷热电联产深井降温系统。M. Chorowski 等人对南非铜矿进行了冷热电联产降温技术研究，对铜矿的能量需求进行了详细的分析，提出了较合理的冷热电联产降温技术方案，提高了能量利用效率和能源供应的稳定性和可靠性[68]。

(3) 蒸发冷却深井降温系统。赵楼煤矿将蒸发冷却技术应用于矿井降温，并且经过理论计算和现场的实际测量，表明该方法可以较好地解决基建矿井的热害问题[69]。

（4）热管深井降温系统。用热管技术输送冷媒的方法是将中央制冷站设在地表，热管的冷凝热由中央制冷机排除，而热管的蒸发器设于井下，用于制取井下降温用的冷媒水。热管技术用于矿井降温目前还在试验研究阶段[70]。

1.3 本书内容

深井降温技术的国内外应用结果表明，空气降温系统降温能力有限，且需要矿井具有充足的压缩气源；冰冷却降温技术会增加工作环境湿度，常出现输冰管道堵塞；水降温系统存在冷凝热排放困难和高低压转换的问题；矿井涌水降温技术较好节约了能量，但需足够的矿井涌水量，且温度不宜过高；冷热电联产技术可提高能量利用效率，适用于有大量余热的矿区；蒸发冷却技术可以节约能源，但系统的冷却能力有限且工作面湿度大；热管降温技术目前主要用在制冷量较小的场合，应用于深井还需要大量的试验和研究工作。

从目前深井降温技术的整体情况来看，仍然存在以下两大共性问题：

（1）能耗大。目前的深井降温系统能耗大，尤其是制冷机组能耗大。绝大多数系统采用制冷机组，且大都需要较低的蒸发温度，致使制冷机组效率低、能耗大。

（2）湿度大。目前的深井降温系统的除湿能力都很有限。矿井最适宜的相对湿度为50%~60%。但据调查，我国深井下空气相对湿度常年在80%以上。

综上所述，目前的深井降温系统主要存在能耗大和深井工作面风流湿度大的问题。因此，急待研制能耗低、降温降湿效果好的新型的深井降温系统。

常用的除湿系统有冷冻除湿机、溶液除湿机以及固体转轮除湿机。考虑到井下空间狭小，且设备经常移动，选用的除湿设备应防爆、重量轻、结构紧凑、经久耐用；同时考虑井下除湿量大、风流大的特点，除湿设备还应具备除湿能力强、处理风量大等优点。综合考虑以上要求，降湿采用转轮除湿系统。

转轮除湿系统是用吸湿材料附着在转轮表面实现连续的除湿和再生，既不需要对空气冷却也不需要对空气压缩，如将矿井大量的余热废热作为除湿剂再生能源，这样就可不用消耗一次能源而得到冷量，使其节能效果更加显著。此外，转轮除湿机还具备除有害气体的作用，兼有净化空气的作用，可进一步改善深井工作面的环境。因此，本书提出以转轮除湿机为主要部件的吸附降温系统应用于深井热害控制。

此外，深部开采中，围岩放热放湿是高温高湿的主要原因。而传统的围岩与风流热质交换模型很少考虑水分对风流温度的耦合作用，要研究新型深井降温系统，必须对深部围岩传热，以及围岩与风流的热湿交换机理进行详细研究。

本书以高温深井为研究对象，研究并揭示深井风流温湿度形成和迁移机理，研发新型深井吸附降温系统，为进一步有效治理深井热害、提高工作面的舒适性并节约深井降温系统的能耗提供理论和技术支持。为了更好地实现矿井降温技术，并为降温技术提供基础数据，首先需研究热量产生和热量迁移的机理，然后研究热量控制的手段和方法。因此，本书主要开展了以下三部分的研究。

（1）热量产生研究（揭示深井围岩放热机理）。深部开采中，围岩放热放湿是高温高湿的主要原因，要研究合适的深井降温系统，必须对深部围岩传热传湿机理进行深入研究。围岩根据含水情况可分为干燥围岩和含水围岩，实际矿井中，以含水围岩最为常见，深井围岩放热机理研究的主要研究内容如下：

1）干燥围岩传热数学模型的建立及求解。对干燥围岩传热提出一些合理假设，并在假设条件下建立干燥围岩的非稳态导热方程，在给定的初始条件和边界条件下，应用数值模拟软件对导热方程进行求解，得到干燥围岩内部在不同时间点下以及不同位置处温度场分布规律。

2）多孔介质围岩渗流和传热耦合模型的建立及求解。该数学模型针对含水围岩，忽略围岩内部的水蒸气的存在，考虑多孔介质围岩内部单向流体（水）的渗流问题，应用多孔介质理论及质量守恒、达西定律及能量守恒建立围岩湿饱和多孔介质热湿耦合传输模型并数值模拟计算。在给定的初始条件和边界条件下，应用数值模拟软件对耦合模型进行求解，得到含水围岩内部在不同时间点以及不同位置处温度场的分布规律。

3）裂隙围岩渗流和传热耦合模型的建立及求解。该数学模型针对稀疏裂隙含水围岩，考虑裂隙围岩内部单向流体（水）的渗流问题，应用质量守恒、达西定律及能量守恒建立裂隙围岩热湿耦合传输模型并数值模拟计算。在给定的初始条件和边界条件下，应用数值模拟软件对耦合模型进行求解，得到围岩基质和裂隙水内部在不同时间点以及不同位置处的温度场分布规律。

（2）热量迁移研究（揭示深井风流热交换机理及对流换热系数的确定方法）。深井对流换热机理研究的主要研究内容如下：

1）深井风流对流换热相似准则数的确定。通过理论分析，研究在深井降温条件下，深井风流的对流换热的相似准则数，为后期的深井风流对流换热相似实验研究提供理论基础。

2）深井风流对流换热相似实验研究。在深井风流对流换热相似准则数确定的基础上，建立深井风流对流换热的实验系统，测量并研究不同巷道壁温、不同入口风速以及入口温度对对流换热系数的影响。

3）深井风流对流换热实验关联式的确定。利用相关分析的方法，分析巷道壁温、入口风速和巷道平均风流温度对对流换热系数的影响程度，基于实验数据及相关分析结果，研究得到了深井风流对流换热实验关联式。

（3）热量控制研究（提出深井吸附降温系统，并对该系统进行热力特性优化）。在深井降温系统中，提出单转轮吸附降温系统和双转轮吸附降温系统。

　　1）对转轮除湿机进行实验研究。针对吸附降温系统重要部件转轮除湿机进行实验研究，研究主要运行参数对转轮除湿机热湿性能及能耗性能的影响。

　　2）对单转轮吸附降温系统进行实验研究。针对深井高温高湿环境，设计了适用于深井环境的单转轮吸附降温系统，并搭建了深井吸附降温系统实验平台，测试并研究了在深井环境下，主要运行参数对系统热湿性能及能耗性能的影响。

　　3）对双转轮吸附降温系统进行数值模拟研究。针对深井高温高湿环境，通过㶲分析设计了适用于深井环境的双转轮吸附降温系统，并建立了系统传热传质数学模型，模拟研究了在深井环境下，主要运行参数对系统热湿性能及能耗性能的影响。

2　深井围岩传热

<<<<<<<<<<<<<<<<<<<<<<<<<<<<<<<<<<<<<<<<<<<<<<<<<<<<<<<<<<<<<<<<<<<<<<<<<<

忽略围岩内部渗流，可将围岩视为干燥围岩，用固体导热的方法研究深井围岩传热问题。而事实上，深井围岩多富含裂隙，并且伴有渗流，它会对围岩内部温度场产生一定的影响。因此，要准确研究深井围岩的放热特性，必须要考虑围岩渗流场和温度场的耦合。裂隙岩体的渗流传热模型总体上分为两大类：等效连续模型和离散网络模型[71]。本章将深井围岩传热分为三大类：（1）忽略渗流的理想干燥围岩传热，应用固体导热传热模型进行研究；（2）裂隙发育密集的深井围岩，裂隙密集性围岩的表征单元体存在且对于研究域来说不是太大，在这种条件下，深井围岩可看作等效多孔介质，采用等效连续介质传热模型进行研究；（3）以主导大裂隙为主，忽略小裂隙，应用裂隙围岩渗流-传热耦合传热模型进行研究。

2.1　深井干燥围岩传热

2.1.1　干燥围岩传热数学模型

忽略围岩内部渗流，可将围岩视为干燥围岩，对干燥矿井围岩传热做以下假设：

（1）矿井围岩内部初始温度均相等，且都等于原始岩温；

（2）矿井巷道为半圆形，热流流向均为径向；

（3）围岩岩石均质且为各向同性；

（4）忽略矿井围岩内部水的渗流及忽略围岩与风流的湿交换；

（5）忽略矿井围岩的热辐射作用；

（6）矿井风流风温及风速不变，且围岩与风流的表面传热系数不变。

忽略矿井围岩渗流、湿交换和热辐射，矿井围岩内部以热传导的方式向巷道传递热量，因此矿井围岩内温度分布服从傅里叶导热微分方程。基于上述假设，可将矿井围岩传热问题简化为柱坐标下一维非稳态导热微分方程。

$$\frac{\partial t}{\partial \tau} = \alpha \left(\frac{\partial^2 t}{\partial r^2} + \frac{1}{r} \frac{\partial t}{\partial r} \right) \quad (r_0 < r < \infty, \ \tau > 0) \tag{2-1}$$

初始条件：$t(r, \tau) = t_{gu}$，$r > 0$，$\tau = 0$

　　边界条件：$t(r, \tau) = t_{gu}$，$r > r_0$，$\tau > 0$；$\left[\dfrac{\partial t}{\partial r_{(r_m\tau)}} \right] = \dfrac{h}{\lambda}(t_w - t_f)$

式中　t——围岩温度，℃；

　　　τ——通风时间，s；

　　　α——围岩热扩散系数，m^2/s；

　　　r——围岩距井巷中心的距离，m；

　　r_0——巷道的半径，m；

　t_{gu}——原始岩温，℃；

　　　h——风流与围岩岩壁的对流换热系数，$W/(m^2 \cdot K)$；

　　　λ——岩体导热系数，$W/(m^2 \cdot K)$；

　　t_w——矿井壁温，℃；

　　t_f——矿井巷道风流温度，℃。

　　围岩传热中风流与岩壁之间的换热满足第三类边界条件，与流体的物性，换热表面的形状、大小、位置、流速有关，表面传热系数 h 可由强制对流换热中的迪图斯-贝尔特公式得出。

2.1.2　干燥围岩传热数值模拟

　　利用 COMSOL Multiphysics 多场耦合计算模拟软件，对建立的数学模型进行模拟求解。模拟实例选择某典型矿井，矿井深度为-965m，巷道断面由上部的半圆拱形和下部的长方形构成，长方形的宽和半圆拱形的拱高均为 2.5m，长方形的长为 5m，矿井巷道总高为 5m。矿井围岩和空气的物性参数见表 2-1。矿井围岩传热实例的边界条件如下：围岩的初始温度为 44.7℃，风流的初始温度为 20.8℃；井巷内通风风流流速为 2m/s。

表 2-1　围岩传热模拟计算实例的物性参数表

围　　岩			巷道内空气			
导热系数 /W·(m·K)$^{-1}$	密度 /kg·m^{-3}	比热容 /J·(kg·K)$^{-1}$	导热系数 /W·(m·K)$^{-1}$	密度 /kg·m^{-3}	比热容 /J·(kg·K)$^{-1}$	动力黏度系数 /Pa·s
2.306	3000	871.2	0.023	1.29	1004	0.000001

2.1.2.1　通风时间对干燥围岩温度场的影响

　　图 2-1 所示为通风时间为 5 个月、10 个月、20 个月、30 个月时，围岩温度场在巷道纵截面二维面上的温度场分布。

　　由图 2-1 可以看出，矿井围岩是非稳态传热，矿井围岩的等温线近似为同心

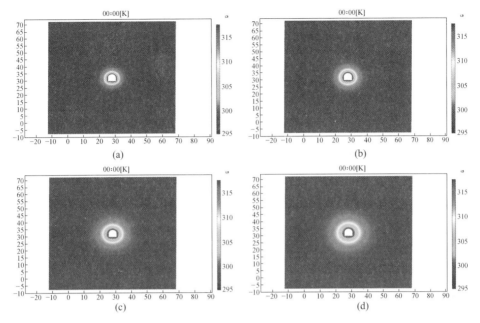

图 2-1 通风时间对干燥围岩二维温度场分布影响

(a) 5 个月；(b) 10 个月；(c) 20 个月；(d) 30 个月

圆，围岩内部的温度场与通风时间和围岩径向位移有关，这一结论与非稳态导热的无量纲化得出的结论相吻合，即无量纲温度是无量纲时间的傅里叶数和相当于边界条件的比渥数的函数，即围岩内部各点的温度主要取决于通风时间和围岩内部的位移。

随着通风时间的增加，围岩热量不断被风流带走，使得围岩内部的温度不断降低，影响范围不断地向围岩内部延伸，直到一定距离时，围岩温度几乎不变，且接近原始岩温，这时对应的距离称为围岩的调热圈半径。由图 2-1 可以看出，随着通风时间的增加，围岩的非稳态的调热圈半径逐渐增加。

为了更加直观地看出围岩温度场在模拟的 30 个月中的变化情况，做出截线图，如图 2-2 所示。

图 2-2 中，横坐标为围岩距巷道中心的径向位移，单位为 m；纵坐标为围岩温度，单位为 K，纵坐标下面的表格表示对应径向位移下的不同通风时间的围岩温度。从图 2-2 可以看出，通风时间分别为 5 个月、10 个月、20 个月、30 个月时围岩非稳态调热圈半径分别为 16m、20m、28m、30m，随着通风时间的增加，调热圈半径逐渐增加，但增加幅度逐渐减小，随着通风时间的增加，调热圈半径趋于稳定。在围岩距巷道中心的位移小于调热圈半径时，各截面的温度梯度的变化趋势均为随着通风时间的增加，温度梯度逐渐降低。由傅里叶定律可知，围岩

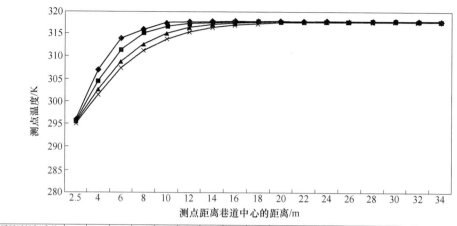

	2.5	4	6	8	10	12	14	16	18	20	22	24	26	28	30	32	34
通风时间为5个月	296	307	314	316	317.45	317.64	317.68	317.7	317.7	317.7	317.7	317.7	317.7	317.7	317.7	317.7	317.7
通风时间为10个月	295.7	304.6	311.5	315.2	316.7	317.3	317.6	317.67	317.68	317.7	317.7	317.7	317.7	317.7	317.7	317.7	317.7
通风时间为20个月	295.3	302.6	308.8	312.7	315.1	316.4	317.1	317.4	317.6	317.65	317.68	317.69	317.69	317.7	317.7	317.7	317.7
通风时间为30个月	295.1	301.4	307.4	311.2	313.8	315.4	316.4	317	317.3	317.5	317.6	317.65	317.68	317.69	317.7	317.7	317.7

图 2-2　通风时间对干燥围岩温度场分布的影响截线图

温度梯度越大，热流密度也就越大，则围岩的散热量也就越大。在围岩距巷道中心的位移大于等于调热圈半径时，围岩温度相等，近似等于原始岩温。

2.1.2.2　围岩导热系数对干燥围岩温度场的影响

为了研究围岩导热系数对矿井围岩温度场的影响，选取导热系数分别为 1.58W/(m·K)、1.97W/(m·K)、2.31W/(m·K)、2.89W/(m·K)、3.25W/(m·K) 的五组材料进行数值模拟研究。通过数值模拟得到五种导热系数的围岩在矿井通风 30 个月的温度场分布数据，如图 2-3 所示。

从图 2-3 可以看出，当导热系数为 1.58W/(m·K) 时，围岩调热圈半径为 26m；当导热系数为 1.97W/(m·K) 时，围岩调热圈半径为 28m；当导热系数为 2.31W/(m·K) 时，围岩调热圈半径为 30m；当导热系数为 2.89W/(m·K) 时，围岩调热圈半径为 32m；当导热系数为 3.25W/(m·K) 时，围岩调热圈半径为 34m。可见，导热系数越大，相同通风时间内围岩调热圈半径越大。这是因为导热系数越大，传热能力越强，在相同时间内，对围岩影响越强烈，因此影响深度越大，即围岩调热圈半径越大。在围岩调热圈以内，导热系数的变化对围岩温度在径向位移上的梯度影响不大。

2.1.2.3　风流温度对干燥围岩温度场的影响

保持其他参数不变，改变巷道内通风风流温度，研究不同风流温度影响下巷

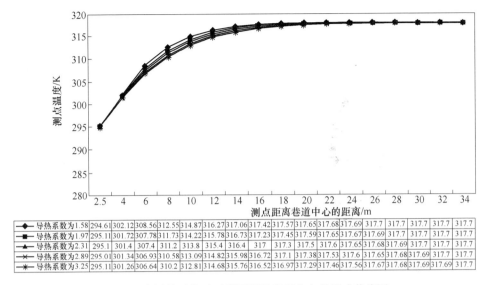

	2.5	4	6	8	10	12	14	16	18	20	22	24	26	28	30	32	34
导热系数为1.58	294.61	302.12	308.56	312.55	314.87	316.27	317.06	317.42	317.57	317.65	317.68	317.69	317.7	317.7	317.7	317.7	317.7
导热系数为1.97	295.11	301.72	307.78	311.73	314.22	315.78	316.73	317.23	317.45	317.59	317.65	317.67	317.69	317.7	317.7	317.7	317.7
导热系数为2.31	295.1	301.4	307.4	311.2	313.8	315.4	316.4	317	317.3	317.5	317.6	317.65	317.68	317.69	317.7	317.7	317.7
导热系数为2.89	295.01	301.34	306.93	310.58	313.09	314.82	315.98	316.72	317.1	317.38	317.53	317.6	317.65	317.68	317.69	317.7	317.7
导热系数为3.25	295.11	301.26	306.64	310.2	312.81	314.68	315.76	316.52	316.97	317.29	317.46	317.56	317.67	317.68	317.69	317.69	317.7

图 2-3 围岩导热系数对干燥围岩温度场分布的影响截线图

道围岩温度场的变化。选取风流温度分别为 291.8K、293.8K、296.8K、299.8K 的四种工况进行数值模拟，得到的影响规律如图 2-4 所示。

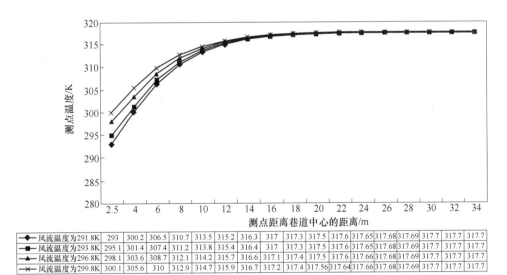

	2.5	4	6	8	10	12	14	16	18	20	22	24	26	28	30	32	34
风流温度为291.8K	293	300.2	306.5	310.7	313.5	315.2	316.3	317	317.3	317.5	317.6	317.65	317.68	317.69	317.7	317.7	317.7
风流温度为293.8K	295.1	301.4	307.4	311.2	313.8	315.4	316.4	317	317.3	317.5	317.6	317.65	317.68	317.69	317.7	317.7	317.7
风流温度为296.8K	298.1	303.6	308.7	312.1	314.2	315.7	316.6	317.1	317.4	317.5	317.6	317.66	317.68	317.69	317.7	317.7	317.7
风流温度为299.8K	300.1	305.6	310	312.9	314.7	315.9	316.7	317.2	317.4	317.56	317.64	317.66	317.68	317.69	317.7	317.7	317.7

图 2-4 风流温度对干燥围岩温度场分布的影响截线图

从图 2-4 可以看出，不同风流温度影响下围岩温度场的变化范围均为 28m，即风流温度对围岩调温圈的深度半径影响不明显。不同风流温度影响下围岩的壁温也不相同，风流温度越高，围岩壁温越高。围岩位移小于围岩调温圈半径时，同一径向距离上，风流温度越高，围岩温度越高。不同风温对围岩内部的径向位移的温度梯度影响不同，风温越低，围岩温度在径向位移上的梯度越大，此时，热流密度也就越大。

2.1.2.4　围岩原始岩温对干燥围岩温度场的影响

保持其他参数不变，改变围岩原始岩温，研究不同围岩原始岩温影响下巷道围岩温度场的变化。选取围岩初始温度分别为 308.7K、311.7K、314.7K、317.7K 的四种工况进行数值模拟，得到的影响规律如图 2-5 所示。

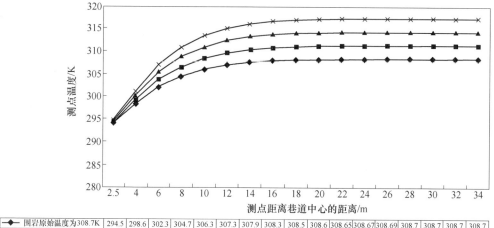

	2.5	4	6	8	10	12	14	16	18	20	22	24	26	28	30	32	34
围岩原始温度为308.7K	294.5	298.6	302.3	304.7	306.3	307.3	307.9	308.3	308.5	308.6	308.65	308.67	308.69	308.7	308.7	308.7	308.7
围岩原始温度为311.7K	294.8	299.6	304.1	306.8	308.8	310	310.7	311.2	311.4	311.6	311.6	311.67	311.68	311.69	311.7	311.7	311.7
围岩原始温度为314.7K	294.9	300.6	305.7	309.1	311.2	312.7	313.6	314.1	314.4	314.5	314.6	314.66	314.68	314.69	314.7	314.7	314.7
围岩原始温度为317.7K	295.1	301.4	307.4	311.2	313.8	315.4	316.4	317	317.3	317.5	317.6	317.65	317.68	317.69	317.7	317.7	317.7

图 2-5　围岩原始岩温对干燥围岩温度场分布的影响截线图

从图 2-5 可以看出，不同围岩原始岩温影响下围岩调温圈半径也均为 28m，但距离巷道壁面越远，围岩温度差异越大；距离巷道越近的地方，温度越接近。在贴近壁面的位置，也就是距巷道轴心 2.5m 的位置，围岩温度均为 295K。围岩位移小于围岩调温圈半径时，同一径向距离上，原始岩温越高，围岩温度越高；围岩位移大于等于围岩调温圈半径时，围岩温度则不同，分别与各自的原始岩温相同。不同原始岩温对在径向位移上的围岩温度梯度影响不同，原始岩温越高，温度梯度越大，此时，热流密度也就越大。

2.1.3　干燥围岩传热实验研究

2.1.3.1　原型及模型

以深井巷道为原型，建立巷道围岩传热相似实验模型。巷道中心深度为

−965m，巷道四周围岩取长方体，巷道位于围岩的中部，巷道断面由上部的半圆拱形和下部的长方形构成，长方形的宽和半圆拱形的拱高均为 2.5m，长方形的长为 5m。围岩取 25m×25m×62.5m，其中 62.5m 为巷道长度，围岩径向位移取 25m。模型与原型的几何比例选为 1：25，模型巷道取圆形巷道，模型巷道截面直径为 0.2m，模型围岩为 1m×1m×2.5m。

2.1.3.2　相似模拟实验系统

相似模拟实验系统由围岩模型、巷道模型、风流模拟系统、热边界模拟系统、测量监控系统组成。巷道进风由恒温恒湿空调机组保证进风参数温度和风速的要求，热边界模拟系统由均匀贴附在围岩外壁上的加热带和温度控制器组成，保证热边界定温要求；测量监控系统采集及控制模拟巷道的风流温度、风流湿度、风流速度以及围岩内部温度，实物如图 2-6 所示。

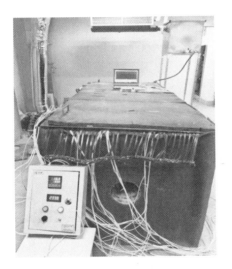

图 2-6　深井围岩传热相似模拟实验实物

2.1.3.3　实验内容及方法

实验模型需保证与原型的傅里叶数 Fo、毕渥数 Bi 及单值条件相等。单值条件为初始岩温、围岩无限远处定温边界和巷道的对流换热边界。实验模型初始岩温和定温边界的温度与原型相同，巷道对流换热边界的空气入口温度、入口湿度及入口风速也与原型相同。巷道湿度较大，本实验中空气入口相对湿度取 80%。从恒温恒湿空调机组进入巷道模型经过一段水平管，水平管长取巷道直径的 40 倍，因此，可认为巷道模型的空气处于流动充分发展区。

2.1.3.4　围岩的热力学参数

模型围岩热物性参数见表 2-2。

表 2-2　模拟深井围岩物性参数

围岩密度/kg · m^{-3}	比热容/kJ · (kg · K)$^{-1}$	导热系数/W · (m · K)$^{-1}$
772	0.804	0.139

2.1.3.5　实验结果及分析

A　围岩体温度场随傅里叶数 Fo^* 的变化规律

取 $Fo^* = \alpha\tau/r^2$，r 是围岩径向位移。以原岩温度为 50℃，风流温度为 12℃，风流相对湿度为 80%，风流速度为 3.5m/s 为例，围岩体无量纲温度分布随傅里叶数 Fo^* 的变化如图 2-7 所示。

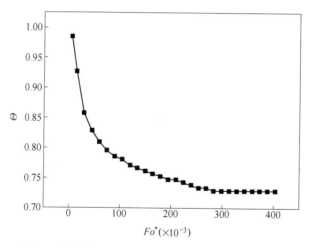

图 2-7　围岩体无量纲温度随傅里叶数 Fo^* 变化曲线

由图 2-7 可知，傅里叶数 Fo^* 越大，围岩体温度越低；傅里叶数 Fo^* 大于 0.3，围岩体温度基本不变。由图 2-7 还可以看出，无量纲温度的变化率可分为三个过程，分别是初始阶段、过渡阶段和稳定阶段。傅里叶数在 0~0.15 之间时，无量纲温度变化为初始阶段，初始阶段壁面与风流间的温差较大，温度边界层厚度较薄，所以无量纲温度变化率较大，由傅里叶定律可知，围岩向空气传递的热流密度较大；傅里叶数在 0.15~0.3 之间时，无量纲温度变化进入过渡阶段，围岩温度逐渐升高，壁面与风流间的温差减小，温度边界层厚度增加，热流密度降低；傅里叶数 Fo^* 大于 0.3 时，无量纲温度变化逐渐进入稳定阶段，稳定阶段的围岩温度基本保持不变，热流密度基本保持不变。

B　围岩体温度场随毕渥数 Bi 的变化规律

选取围岩温度为 30℃，风流温度为 15℃，风流相对湿度为 80%，风流速度为 3.5m/s 和 6.0m/s 时对应的 Bi 为 19.78 和 30.45。围岩体无量纲温度随 Bi 的变化曲线如图 2-8 所示。

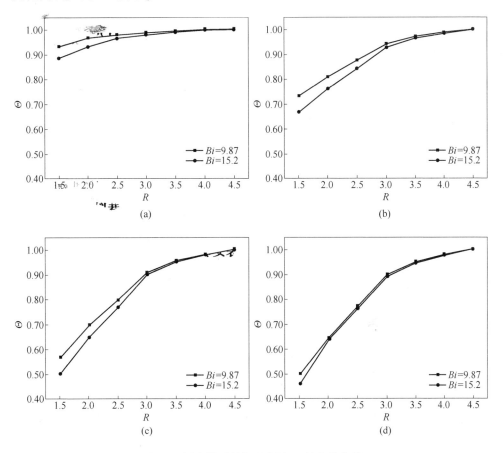

图 2-8　围岩体无量纲温度随 Bi 的变化曲线

(a) $Fo = 0.067$；(b) $Fo = 0.201$；(c) $Fo = 0.268$；(d) $Fo = 0.355$

由图 2-8 比较两种毕渥数 Bi 工况下围岩体的无量纲温度，可以发现，随着 Bi 的增大，不同 Fo 条件下，围岩体各测点温度均降低，但围岩体各测点温度梯度与 Bi 基本无关，即 Bi 对围岩体传热的热流密度影响不大，主要影响围岩体内部温度。Bi 不同时，围岩体温度达到稳定状态（围岩体内部温度场稳定）所用的时间不同，Bi 越大，围岩体达到稳定状态所用的时间越短；反之，Bi 越小，围岩体温度达到稳定状态所用的时间越长。

C　围岩体温度场随径向位移 *R* 的变化规律

以原岩温度为 50℃，风流温度为 12℃，风流相对湿度为 80%，风流速度为 3.5m/s 为例，围岩体无量纲温度分布如图 2-9 所示。

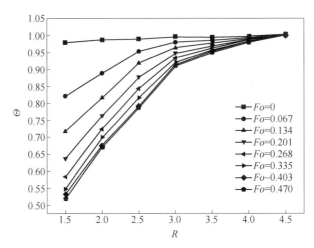

图 2-9　围岩体无量纲温度随 *R* 的变化曲线

由图 2-9 可知，*Fo* 为 0 时，即传热刚开始时，围岩温度在径向上基本为原岩温度。*Fo* 为 0 的围岩体温度变化验证了模型实验的准确性。

由图 2-9 可知，在傅里叶数一定时，无量纲温度在半径方向上逐渐增大，这是因为巷道风流扰动围岩温度场需要一定时间，壁面与风流接触的时间最长，换热效率最高，故离壁面最近的围岩温度急剧下降。巷道壁面（*R*=1.5）附近受巷道通风的影响，温度略低；围岩底部（*R*=4.5）受原始岩温的影响，温度较高。由图 2-9 可知，随着 *R* 的不断增大，温度梯度逐渐减少，即热流密度逐渐减少。这是因为，风流通过的同时，围岩深部的地热不断向巷道传递，风流的流动还来不及扰动该处的温度场，或者是说风流带走的热量小于传递到该处的热量，即巷道能波及的围岩体温度范围由近及远。

由图 2-9 比较同一测点不同傅里叶数的无量纲温度可知，随着 *Fo* 的增大（传热时间的增大），围岩体各测点的温度均有所降低，并且降低幅度在减小，当 *Fo*=0.403 时，离巷道壁面最近的测点温度基本稳定，不再随通风时间的变化出现大幅度的降低。

D　围岩体温度场随风流温度 T_f 的变化规律

以原岩温度为 40℃，风流速度为 5m/s，风流湿度为 80% 进行实验，风流温度 T_f 选择为 16℃、19℃、22℃、25℃。

图 2-10 分别表示风流温度为 16℃、19℃、22℃、25℃时，模拟的围岩体内部无量纲温度的变化曲线。由图 2-10 可知，随着风流温度的增加，围岩体内各

点的温度均增加，风流温度越低，温度梯度越高，热流密度越高，但随着围岩体径向位移的增加，无量纲温度基本不变，无量纲温度的变化率逐渐减小，即热流密度逐渐减小。

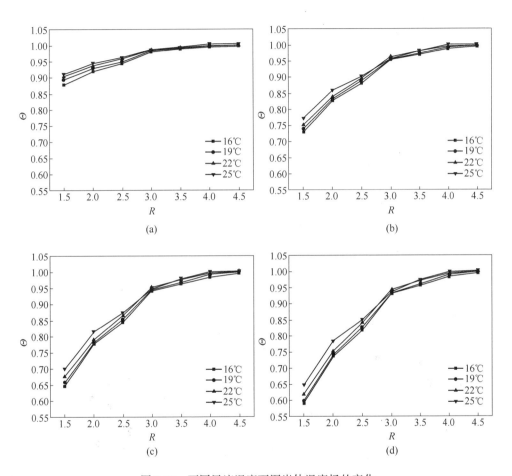

图 2-10 不同风流温度下围岩体温度场的变化

（a）$Fo=0.067$；（b）$Fo=0.201$；（c）$Fo=0.268$；（d）$Fo=0.355$

2.1.4 小结

对深井干燥围岩传热进行理论分析，建立传热数学模型，并用相似理论指导进行实验模型的建立，通过实验和模拟得出了以下结论：

（1）深井干燥围岩是非稳态传热，矿井围岩的等温线近似为同心圆，围岩内部的温度场主要取决于通风时间、围岩径向位移、风流温度及原始岩温。

（2）影响围岩调热圈半径的主要因素是通风时间和围岩的导热系数。通风时间越长，矿井通风对围岩内部温度场的影响深度越大；但当通风时间达到一定时，通风时间对围岩内部的温度场影响深度基本不变，此处，可将围岩传热看成稳态导热问题。围岩的导热系数越大，围岩调热圈半径越大，因此不同导热系数的围岩内部温度场分布不相同。

（3）影响深井围岩温度场的主要影响参数是傅里叶数、毕渥数、围岩径向位移和风流温度。随着傅里叶数的增大，巷道围岩无量纲温度的变化分为初始阶段、过渡阶段和稳定阶段。傅里叶数大于 0.3，围岩体温度基本保持不变，该傅里叶数对应的径向位移为对应传热时间下的热边界层厚度。随着围岩径向位移的增加，无量纲温度逐渐增大，热流密度逐渐减少。当 $Fo = 0.403$ 时，离巷道壁面最近的测点温度基本稳定，不再随通风时间的变化出现大幅度的降低。随着风流温度的增加，围岩体内各点的温度均增加，风流温度越低，温度梯度越高，热流密度越高，但随着围岩体径向位移的增加，无量纲温度基本不变，无量纲温度的变化率逐渐减小，即热流密度逐渐减小。

2.2　深井围岩等效连续介质传热

2.2.1　深井围岩等效连续介质传热数学模型

2.2.1.1　基本假设

矿井围岩体内部存在许多孔隙与裂隙，当裂隙密集时，虽可将围岩体看做多孔介质，但由于地下水渗流作用复杂，不可能建立完全符合实际的数学模型，因此对多孔潮湿围岩渗流-传热问题，需要做出以下假设：

（1）将裂隙密集型围岩看做等效连续多孔介质，并伴有地下水渗流；

（2）假设渗流地下水为不可压缩的流体，在流动传热过程中无相变；

（3）忽略由于水的密度变化造成的自然对流作用；

（4）忽略矿井围岩内部的热辐射作用；

（5）围岩体材料为均匀介质且为各向同性；

（6）地下水与围岩体的温度为瞬态热平衡状态，即可以认为温度相等。

当矿井巷道围岩体裂隙密集时，基于等效连续介质模型，将矿井围岩看做多孔潮湿围岩，此时的围岩体传热仅考虑地下水与岩体的对流换热和岩体自身的热传导。因此，多孔潮湿围岩传热-渗流耦合数学模型包括围岩体本身的温度控制方程和地下水渗流控制方程两部分。

2.2.1.2　围岩体温度场控制方程

当矿井巷道围岩体内部存在地下水渗流时，岩体内部的热量传递包括围岩体自身的热传导和地下水流动形成的对流换热量。岩体本身的热传导的热量为：

$$Q_1 = \lambda_m \left(\frac{\partial^2 T}{\partial x^2} + \frac{\partial^2 T}{\partial y^2} + \frac{\partial^2 T}{\partial z^2} \right) \mathrm{d}x\mathrm{d}y\mathrm{d}z\mathrm{d}t \tag{2-2}$$

地下水流动形成的对流换热量为:

$$Q_2 = - \rho_w c_{pw} \left[\frac{\partial(v_x T_w)}{\partial x} + \frac{\partial(v_x T_w)}{\partial y} + \frac{\partial(v_x T_w)}{\partial z} \right] \tag{2-3}$$

假定多孔潮湿围岩中的固体骨架与渗流地下水的温度相等,即围岩固体与渗流水无温差,那么,多孔潮湿围岩岩体温度升高所吸收的热量应等于围岩本身热传导的热量 (Q_1) 加上地下水流动形成的对流换热量 (Q_2),即能量方程为:

$$(\rho C)_m \frac{\partial T_w}{\partial t} = \lambda_m \left(\frac{\partial^2 T}{\partial x^2} + \frac{\partial^2 T}{\partial y^2} + \frac{\partial^2 T}{\partial z^2} \right) - \rho_w c_{pw} \left[\frac{\partial(v_x T_w)}{\partial x} + \frac{\partial(v_x T_w)}{\partial y} + \frac{\partial(v_x T_w)}{\partial z} \right]$$

$$\tag{2-4}$$

式中　$(\rho C)_m$——围岩岩体等效比热容,J/(kg·K);

λ_m——围岩岩体等效导热系数,W/(m·K);

T——岩体的温度,K;

ρ_w——流体密度,kg/m³;

c_{pw}——流体的定压比热容,J/(kg·K);

T_w——水的温度,K。

其中

$$(\rho C)_m = \varphi \rho_w c_w + (1 - \varphi) \rho_n c_n \tag{2-5}$$

$$\lambda_m = \varphi \lambda_w + (1 - \varphi) \lambda_n \tag{2-6}$$

式中　ρ_n——围岩固体骨架密度,kg/m³;

c_w——水的比热容,J/(kg·K);

c_n——围岩固体骨架比热容,J/(kg·K);

λ_w——水的导热系数,W/(m·K);

λ_m——围岩固体骨架的导热系数,W/(m·K)。

2.2.1.3　渗流控制方程

依据多孔介质的渗流理论,地下水流连续性方程为:

$$\frac{\partial(\rho w)}{\partial t} + \mathrm{div}(\rho_w v) = 0 \tag{2-7}$$

假设流体不可压缩,密度 ρ_w 为常数,则流动处于稳态时,连续性方程为:

$$\frac{\partial v_x}{\partial x} + \frac{\partial v_x}{\partial y} + \frac{\partial v_x}{\partial z} = 0 \tag{2-8}$$

多孔介质渗流动量方程:

$$\frac{\partial(\rho_w v_x)}{\partial t} + \frac{\partial(\rho_w v_x v_x)}{\partial x} + \frac{\partial(\rho_w v_x v_y)}{\partial z} = \frac{\partial}{\partial x}\left(\mu \frac{\partial v_x}{\partial x}\right) + \frac{\partial}{\partial y}\left(\mu \frac{\partial v_x}{\partial y}\right) + \frac{\partial}{\partial z}\left(\mu \frac{\partial v_x}{\partial z}\right) - \frac{\partial P_w}{\partial x} + S_x$$

$$(2-9)$$

y、z 方向上同理。

式中　　　　μ——水的运动黏度，m^2/s；

S_x，S_y，S_z——动量源项，令 $i = x$、y、z，则其可写成 S_i，对于多孔介质，

$$S_i = -\left(\frac{\mu}{\alpha}v_i + C_2 \frac{1}{2}\rho_w\right)|v|v_i$$

v_i——速度矢量在 x、y、z 方向上的分量，$i = x$，y，z；

$1/\alpha$——黏性阻力系数；

C_2——惯性阻力系数；

$|v|$——水的运动速度；

$\dfrac{\partial P_w}{\partial x}$，$\dfrac{\partial P_w}{\partial y}$，$\dfrac{\partial P_w}{\partial z}$——水的运动压降沿 x、y、z 方向上的分量，可合写为 ∇P_i。

对于流体不可压的稳态流动，P_w 为常数，不随时间变化，上式可简化为：

$$\frac{\partial(v_x v_i)}{\partial x} + \frac{\partial(v_y v_i)}{\partial y} + \frac{\partial(v_z v_i)}{\partial z} = \frac{\mu}{\rho_w}\left(\frac{\partial^2 v_i}{\partial x^2} + \frac{\partial^2 v_i}{\partial y^2} + \frac{\partial^2 v_i}{\partial z^2}\right) - \frac{1}{\rho_w}\nabla P_i + \frac{1}{\rho_w}S_i$$

$$(2-10)$$

2.2.2　深井围岩等效连续介质传热数值模拟

在建立的围岩渗流和传热耦合数学模型的基础上，对深井围岩利用 COMSOL 多耦合场模拟软件进行了数值模拟。

计算参数如下：

（1）岩体区域。设置材料为砂岩，导热系数为 2.25W/($m \cdot K$)，密度为 2330kg/m^3，比热容为 880J/($kg \cdot K$)，孔隙率为 0.3，渗透率为 1×10^{-11}，比热率为 0.5。

（2）渗流流体。密度为 992.2kg/m^3，动力黏度为 6.533×10^{-4}Pa $\cdot$ s，导热系数为 0.635W/($m \cdot K$)，比热容为 4174J/($kg \cdot K$)，比热率为 0.5。

（3）巷道内气体。空气，密度为 1.205kg/m^3，导热系数为 0.0259W/($m \cdot K$)，比热容为 1005J/($kg \cdot K$)，动力黏度为 18.1×10^{-6}。

边界条件为：围岩的初始温度为 35℃，巷道风流的初始温度为 20℃，井巷内通风风流流速为 2m/s，渗流水的初始温度为 293K。

分别改变通风时间、巷道岩体孔隙率、渗透率、导热系数、围岩初始岩温、巷道通风温度，分析可得裂隙密集性围岩温度场分布及其影响因素的作用效果。

2.2.2.1　通风时间对含水围岩温度场的影响

改变通风时间（50天、100天、150天、200天），得到的围岩横截面温度场分布，如图2-11所示。对比可知，含水围岩传热为非稳态传热，随着通风时间的增加，通风对围岩内部温度的影响范围越来越大，即调热圈的半径在逐渐向围岩深部扩展。

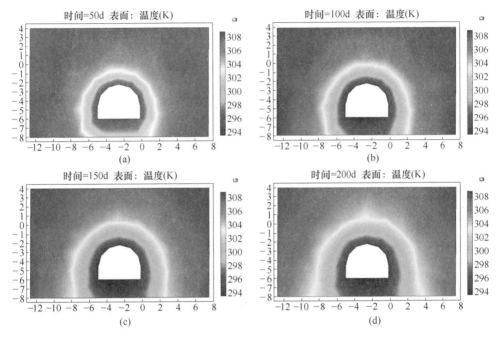

图2-11　通风时间对含水围岩二维温度场分布的影响
（a）50天；（b）100天；（c）150天；（d）200天

图2-12所示为围岩的截线图，可以看出巷道通风以后，壁面温度首先急剧降低，在一段时间以后，距巷壁4m以外的围岩温度才发生明显降温。这表明，温度扰动范围是由巷壁逐渐扩展到围岩深部的。随着通风时间的增加，围岩温度降低的速率随着时间的增加逐渐减小；随着距巷道壁距离的增加，温度受外界温度的影响逐渐减小，且温度受外界的影响具有一定的滞后性，调热圈越往内部推移所需要的时间就越长。

2.2.2.2　孔隙率对含水围岩温度场的影响

图2-13所示为围岩孔隙率对围岩温度场的影响截线图，围岩孔隙率分别取0.3、0.15和0.075。可以看出，在相同通风时间下，孔隙率为0.3时截线上的

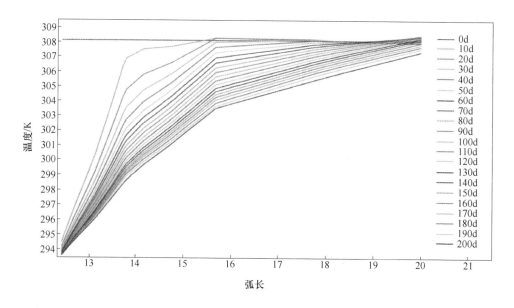

图 2-12　通风时间对含水围岩二维温度场分布的影响截线图

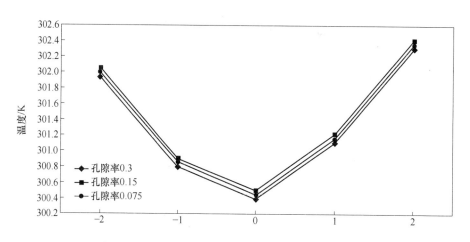

图 2-13　孔隙率对围岩二维温度场分布的影响截线图

温度小于孔隙率为 0.15、0.075 时的温度；孔隙率为 0.15 时的温度小于 0.075 时的温度，即通风温度对孔隙率为 0.3 时的围岩扰动较大，对孔隙率为 0.15 时的围岩扰动最小。这是由于围岩固体导热系数大于流体导热系数，在孔隙率较大的情况下，孔隙率越大，孔隙连通性越好，流体流动性就越强，这时流体与围岩固体的对流换热较强，增加了围岩的等效导热系数，因此，此时孔隙率越大越有利于换热。而当孔隙率较小时，孔隙连通性差，随着孔隙率的增大，地下水渗入增多，但流体流动性不强，在流体导热系数小于固体导热系数的情况下，围岩固体的导热系数占主导地位，围岩的有效导热系数降低，此时孔隙率越大越不利于换热。

2.2.2.3 渗透率对含水围岩温度场的影响

图 2-14 所示为围岩孔隙率对围岩温度场的影响截线图，围岩孔隙率分别取 $\alpha=1\times10^{-11}$，$\alpha=2.5\times10^{-15}$，$\alpha=1\times10^{-16}$。对比可知，随着渗透率的增加，同一测点上的温度降低，说明通风温度对围岩的影响是随渗透率的增大而增强的。渗透率是表征岩石本身传导液体能力的参数，渗透率越大表明岩体允许液体通过的能力越高。在孔隙率不变的情况下，渗透率越大，流体与围岩固体对流换热越强，围岩有效导热系数越大。可见，渗透率越大越有利于换热。

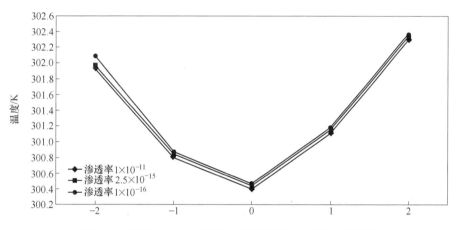

图 2-14　渗透率对含水围岩二维温度场分布的影响截线图

2.2.2.4 围岩固体导热系数对含水围岩温度场的影响

图 2-15 所示为围岩固体导热系数对含水围岩温度场影响的截线图，围岩固体骨架导热系数分别取 $1.88W/(m \cdot K)$、$2.25W/(m \cdot K)$、$2.79W/(m \cdot K)$ 和 $3.15W/(m \cdot K)$。可以看出，围岩导热系数越大，热传导越快，围岩的温度下降速度也越快。当导热系数为 $1.88W/(m \cdot K)$ 时，围岩调热圈半径为 9.5m；当导热系数为 $2.79W/(m \cdot K)$ 时，调热圈半径为 10m，可见，导热系数对调热圈半径的影响十分显著。岩石导热系数越大，相同通风时间内通风温度对围岩温度场扰动越大，温度传导和岩石冷却速度越快，调热圈半径越大。

2.2.2.5 原始岩温对含水围岩温度场的影响

图 2-16 所示为围岩原始岩温对含水围岩温度场的影响截线图，原始岩温分别取 308.15K、311.15K、314.15K、317.15K。

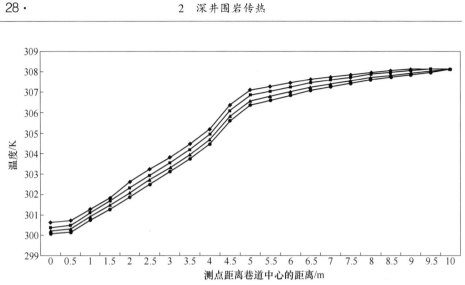

导热系数	0	0.5	1	1.5	2	2.5	3	3.5	4	4.5	5	5.5	6	6.5	7	7.5	8	8.5	9	9.5	10
1.88	300.64	300.72	301.28	301.84	302.62	303.24	303.83	304.48	305.22	306.38	307.11	307.28	307.47	307.65	307.75	307.86	307.96	308.05	308.13	308.15	308.15
2.25	300.39	300.48	301.11	301.69	302.32	302.93	303.54	304.2	304.95	306.1	306.88	307.06	307.26	307.61	307.74	307.89	307.97	308.08	308.15	308.15	
2.79	300.23	300.31	300.93	300.48	302.08	302.32	303.95	303.75	304.5	305.83	306.5	306.8	307.02	307.25	307.4	307.56	307.72	307.82	307.94	308.05	308.15
3.15	300.08	300.14	300.74	300.28	301.87	302.5	303.11	303.75	304.5	305.6	306.37	306.61	306.85	307.09	307.25	307.45	307.62	307.75	307.86	307.98	308.15

图 2-15 围岩固体导热系数对含水围岩二维温度场分布的影响截线图

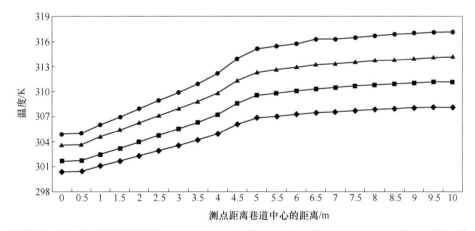

围岩初温	0	0.5	1	1.5	2	2.5	3	3.5	4	4.5	5	5.5	6	6.5	7	7.5	8	8.5	9	9.5	10
308.15	300.39	300.48	301.11	301.69	302.32	302.93	303.54	304.2	304.95	306.1	306.88	307.06	307.26	307.47	307.61	307.74	307.89	307.97	308.08	308.15	308.15
311.15	301.68	301.74	302.51	303.21	303.98	304.76	305.52	306.34	307.26	308.64	309.56	309.82	310.08	310.32	310.5	310.66	310.84	310.95	310.06	311.15	311.15
314.15	303.62	303.69	304.63	305.42	306.28	307.11	307.94	308.8	309.8	311.32	312.34	312.63	312.92	313.2	313.36	313.54	313.7	313.82	313.95	314.1	314.15
317.15	304.89	305.01	306.05	306.95	307.95	308.95	309.9	310.94	312.15	313.95	315.14	315.45	315.76	316.28	316.28	316.5	316.7	316.84	316.97	317.11	317.15

图 2-16 原始岩温对含水围岩二维温度场分布的影响截线图

由图 2-16 可以看出，距离巷道壁面越远，围岩温度差异越大；距离巷道越近的地方，温度越接近。围岩位移小于围岩调温圈半径时，同一径向距离上，原始岩温越高，围岩温度越高，围岩径向温度最终都会与原始岩温相同。从图 2-16 还可以看出，不同原岩温度在相同的径向距离上温度变化斜率是近似相同的，这说明通风温度对围岩温度影响速率并不会随原岩温度的变化而变化，可见，原岩温度对巷道温度场的影响并不明显。

2.2.2.6 风流温度对含水围岩温度场的影响

图 2-17 所示为风流温度对含水围岩温度场的影响截线图，巷道通风温度分别取 291.15K、293.15K、295.15K、297.15K。

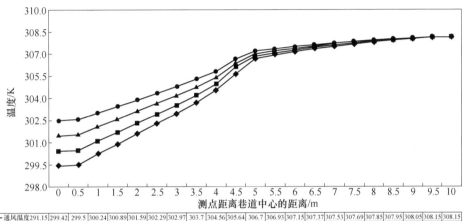

通风温度291.15	299.42	299.5	300.24	300.89	301.59	302.29	302.97	303.7	304.56	305.64	306.7	306.93	307.37	307.53	307.69	307.85	307.95	308.05	308.15	308.15
通风温度293.15	300.39	300.48	301.11	301.69	302.32	302.93	303.54	304.2	304.95	306.1	306.88	307.06	307.26	307.47	307.61	307.74	307.89	307.97	308.08	308.15	308.15
通风温度295.15	301.48	301.54	302.1	302.59	303.14	303.67	304.19	304.75	305.4	306.38	307.04	307.22	307.37	307.55	307.75	307.85	307.92	307.99	308.08	308.15	308.15
通风温度297.15	302.49	302.57	303.02	303.45	303.9	304.34	304.79	305.29	305.81	306.67	307.22	307.35	307.5	307.65	307.75	307.85	307.95	308.02	308.1	308.15	308.15

图 2-17　风流温度对含水围岩二维温度场分布的影响截线图

从图 2-17 可以看出，不同风流温度影响下围岩温度场的变化范围均为 9.5m，即风流温度对围岩调温圈的深度半径影响不明显。围岩位移小于围岩调温圈半径时，同一径向距离上，风流温度越高，围岩温度越高。通风温度越低，不同通风温度下相同径向距离处温度变化斜率越大，这说明通风温度越低，围岩温度降低速度越明显。

2.2.3　小结

通过对深井围岩等效连续介质传热进行模拟，得到通风时间、围岩孔隙率、渗透率、围岩固体导热系数、原始岩温与通风温度对多孔潮湿围岩温度场的影响情况。

（1）围岩传热是非稳态传热，在基本假定参数下，围岩温度场分布是类似对称的。

（2）通风时间与围岩固体导热系数都会对通风温度扰动深度进行影响，随着通风时间的增加，调热圈的半径逐渐向围岩深部扩展，围岩温度降低的速率随着时间的增加逐渐减小。随着围岩导热系数的增大，相同通风时间内通风温度对围岩温度场扰动越大，温度传导和岩石冷却速度越快，调热圈半径越大。

（3）改变孔隙率或渗透率都会对围岩的有效导热系数产生一定的影响，在孔隙率较大时，孔隙率越大越有利于换热，孔隙率较小时，孔隙率越大越不利于换热；渗透率越大越有利于换热。

（4）通风温度越低，围岩温度变化速率越快；原始岩温对围岩温度影响不明显。

2.3　深井单裂隙围岩渗流-传热耦合

2.3.1　深井单裂隙围岩渗流-传热数学模型

2.3.1.1　基本假设

以主导大裂隙为主，忽略小裂隙，对深井裂隙围岩渗流-传热耦合做出以下假设：

（1）裂隙围岩是由忽略储水性和透水性的基质岩块和岩体裂隙组成的不变形岩体；岩体均质且为各向同性；围岩中仅存在裂隙，裂隙表面为光滑，裂隙张开度远远小于裂隙的长度。

（2）忽略裂隙围岩体的渗透性，将其看为单纯固体，地下水只能在裂隙内流动；地下水流动方向一致，渗流水为不可压缩流且忽略其相变，水流的流动流速不受密度和黏滞性的影响；渗流规律服从线性达西定律。

（3）岩体中的热量通过传导、对流两种方式传递，忽略热辐射的影响。

（4）岩体与裂隙相邻点渗流水的温度和岩石的温度相等，即水和围岩体为瞬态热平衡。

基于以上假设，深部矿井裂隙围岩传热-渗流耦合模型包括围岩体温度场控制方程、裂隙水渗流场控制方程与裂隙水温度场控制方程三部分。

2.3.1.2　围岩体温度场控制方程

根据围岩体热量守恒，微元围岩体在单位时间内吸收的热量应等于微元围岩体内部自身的热传导热量，即围岩体温度场控制方程如下：

$$\frac{\partial T_r}{\partial \tau} = \alpha \left(\frac{\partial^2 T_r}{\partial x^2} + \frac{\partial^2 T_r}{\partial y^2} + \frac{\partial^2 T_r}{\partial z^2} \right) \tag{2-11}$$

式中　　T_r——围岩体的温度，℃；

　　　　τ——传热时间，s；

　　　　α——围岩体的热扩散系数，m²/s。

2.3.1.3 裂隙水渗流场控制方程

裂隙水渗流满足如下连续性方程:

$$\frac{\partial u}{\partial x} + \frac{\partial v}{\partial y} + \frac{\partial w}{\partial z} = 0 \tag{2-12}$$

式中 u, v, w——渗流水速度矢量分别在 x, y, z 方向上的分量, m/s。

裂隙内水流流动遵循达西定律, 即:

$$u = -k\frac{\partial H}{\partial X} \tag{2-13}$$

$$v = -k\frac{\partial H}{\partial y} \tag{2-14}$$

$$w = -k\frac{\partial H}{\partial z} \tag{2-15}$$

式中 k——渗流系数, m/s;

H——水头损失, m。

其中, 渗流系数 k 可用立方定律推出, 即

$$k = \frac{gb^2}{12\upsilon} \tag{2-16}$$

式中 g——重力加速度, m/s^2;

b——裂隙宽度, m;

υ——水的运动黏滞系数, m^2/s。

2.3.1.4 裂隙水温度场控制方程

根据裂隙水热量守恒, 微元裂隙水在单位时间内由于对流通过界面净携入的能量以及由于导热在界面处净导入热量之和等于微元裂隙水的自身总能量对时间的变化率, 整理后得到:

$$-\left(\frac{\partial(\rho_{\mathrm{w}}uT_{\mathrm{w}})}{\partial x} + \frac{\partial(\rho_{\mathrm{w}}vT_{\mathrm{w}})}{\partial y} + \frac{\partial(\rho_{\mathrm{w}}wT_{\mathrm{w}})}{\partial z}\right) + \lambda_{\mathrm{w}}\left(\frac{\partial^2 T_{\mathrm{w}}}{\partial x^2} + \frac{\partial^2 T_{\mathrm{w}}}{\partial y^2} + \frac{\partial^2 T_{\mathrm{w}}}{\partial z^2}\right) = \rho_{\mathrm{w}}c_{\mathrm{w}}\frac{\partial T_{\mathrm{w}}}{\partial \tau}$$

$$\tag{2-17}$$

式中 ρ_{w}——裂隙水流密度, kg/m^3;

T_{w}——裂隙水温度, ℃;

λ_{w}——裂隙水导热系数, W/(m·K);

c_{w}——裂隙水定压比热容, kJ/(kg·K)。

2.3.1.5 初始及边界条件

(1) 围岩体温度场初始条件: 传热开始时, 围岩温度为原始岩温分布。

（2）围岩体温度场边界条件：研究围岩体边界处于调温圈之外，除矿井之外的边界为第一类边界条件，即边界温度为原始岩温。研究围岩体边界处于调温圈之内，除矿井之外的边界为第二类边界条件，即边界热流密度为定值。矿井边界为第三类边界条件，即矿井边界的围岩体法线方向的热流密度等于该围岩体表面传递给矿井风流的对流换热量。

（3）裂隙水渗流场初始条件：传热开始时，渗流的水头为原始水头分布。

（4）裂隙水渗流场边界条件为：入口边界上给定压力，即满足第一类边界条件（或入口边界上给定流量，即满足第二类边界条件）。

（5）裂隙水温度场初始条件：传热开始时，渗流的温度场为原始裂隙水温度分布。

（6）裂隙水温度场边界条件：入口边界上给定温度，即满足第一类边界条件。

（7）围岩体温度场和裂隙水温度场耦合边界条件：围岩体和裂隙水耦合面上满足温度相等以及热流密度相等。

将式（2-11）~式（2-17）进行耦合，补充上述初始条件和边界条件，就得到深部裂隙围岩流热耦合传热方程。

2.3.2 深井单裂隙围岩渗流-传热数值模拟

2.3.2.1 物理模型及计算参数

深部矿井裂隙围岩是由多条单裂隙相互交叉分布构成，单一裂隙是裂隙围岩的基本单元。为了准确研究裂隙对巷道围岩温度场的基本影响，将深部矿井单裂隙围岩作为研究对象。计算模型如图 2-18 所示。计算区域为 40m×20m×200m 的

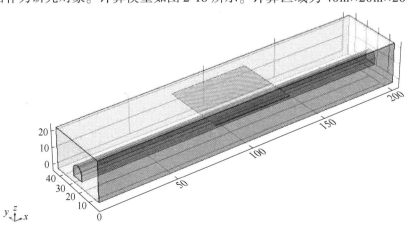

图 2-18 深部矿井单裂隙围岩流热耦合传热计算模型

矿井巷道围岩体，巷道形状为半圆拱形，巷道总高 3.8m，宽 4.8m，直墙高为 1.4m，拱高为 2.4m，巷道底部距围岩底 4m。裂隙底部距围岩底 18m，裂隙长 20m，宽 50m，裂隙张开度为 d，裂隙水平布置，与水平面夹角为 0°，渗流水为二维非稳定流，渗流从 $y=0m$ 流入，从 $y=20m$ 侧流出。

数值模拟中围岩与裂隙水的物性参数见表 2-3。

表 2-3 基本参数

围岩密度 /kg·m⁻³	围岩比热容 /kJ·(kg·K)⁻¹	水密度 /kg·m⁻³	水导热系数 /W·(m·K)⁻¹	水动力黏滞系数 /Pa·s
2650	0.690	998.2	0.6	0.001

2.3.2.2 初始条件和边界条件

计算模型的渗流流动忽略 z 方向的流动，流动为二维非稳态流动，即裂隙水渗流场连续性方程简化为二维方程。渗流初始及边界条件为：

（1）裂隙水初始速度为 0。

（2）裂隙与围岩体的上下左右接触表面设置为无流动壁面。

（3）设定裂隙渗流入口为速度边界，给定流入速度。

温度初始及边界条件设置如下：

（1）围岩的初始温度为 40℃。

（2）围岩模型底面为定温热边界，温度为 313.15K；其他边缘满足热绝缘。

（3）巷道风流的初始温度为 20℃，巷道内风流流速为 2m/s；风流与围岩的表面换热系数可通过迪图斯-贝尔特公式计算得出，巷道壁面处为第三类边界条件。

（4）裂隙水初始温度及入口温度为 20℃。

（5）裂隙水与围岩体交界处为自动耦合状态，即交界处温度及热流密度均相等。

2.3.2.3 数值模拟结果

为了研究主要因素对深部矿井单裂隙岩体流热耦合传热的影响，选取不同的通风时间、渗流速度、裂隙张开度以及围岩体的导热系数研究主要因素对围岩温度场分布的影响规律。用 COMSOL 软件进行数值模拟求解。

A 裂隙对裂隙围岩温度场的影响

图 2-19 所示为通风时间为 300 天、渗流速度为 $6×10^{-4}m/s$、裂隙张开度为 5mm，以及围岩体的导热系数为 2.035W/(m·K) 的围岩温度场分布切片图。

从图 2-19 可以看出，裂隙的存在改变了围岩温度场的分布。距离裂隙越近，由于裂隙水与围岩之间的热交换作用，裂隙水的温度越高，围岩体温度逐渐降

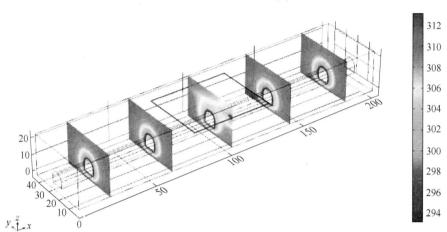

时间=300d 切片：因变量T(K)

图 2-19　围岩温度场分布切片

低，等温面呈现与裂隙相关的不对称分布，裂隙水将围岩释放的热量带到了渗流的下游区域，导致了如图 2-19 所示的裂隙附近围岩等温线向右迁移偏转。距离裂隙远的围岩，裂隙水的传热未影响到围岩，围岩的热交换方式只有热传导，围岩的等温面与巷道截面形状类似，呈规则对称分布。

B　通风时间对裂隙围岩温度场的影响

图 2-20 所示为渗流速度为 6×10^{-4} m/s、裂隙张开度为 5mm，以及围岩体的导热系数为 2.035W/(m·K)，通风时间为 50 天、150 天、200 天、250 天时，$x = 100$m 的截面的围岩温度场图。

从图 2-20 可以看出，在通风 50 天时，裂隙与围岩分别形成了单独的温度场，两个温度场之间互不影响；通风 150 天时，这两个温度场之间已经相互融合干扰。图中可以明显看到一条白色的等温线，其温度为 306K。定义白色等温线所包围区域为冷却区。可以看出，随着时间的增加，裂隙水渗流与巷道通风形成的冷却区逐渐扩大，冷却区逐渐向裂隙水流动方向偏移。即通风 200 天时，冷却区与裂隙相交的右边界距模型左边界的距离为 22m 左右；当通风时间为 250 天时，冷却区与裂隙相交的右边界距模型左边界的距离达到了 27m 左右，因此冷却区随通风时间的增加逐渐扩大并向右偏移。即通风时间越长，裂隙水对围岩的温度场扰动也就越大。

C　渗流速度对裂隙围岩温度场的影响

图 2-21 和图 2-22 所示为通风时间为 200 天、裂隙张开度为 5mm 以及围岩体的导热系数为 2.035W/(m·K)，渗流速度分别为 3×10^{-4} m/s，6×10^{-4} m/s、9×10^{-4} m/s 和 2×10^{-3} m/s 时，$x = 100$m，$z = 18.0025$m 的截线温度分布图和 $x = 100$m，$z = 16$m 的截线温度分布图。其中，$x = 100$m，$z = 18.0025$m 截线位置是裂

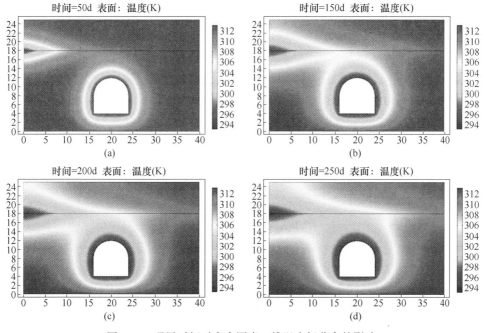

图 2-20 通风时间对含水围岩二维温度场分布的影响

(a) 50 天；(b) 150 天；(c) 200 天；(d) 250 天

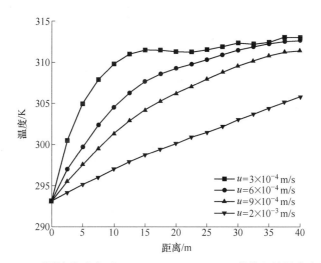

图 2-21 不同渗流速度下 $x=100\text{m}$，$z=18.0025\text{m}$ 截线上的温度变化

隙水；$x=100\text{m}$，$z=16\text{m}$ 截线位置是围岩体。

由图 2-21 可以看出，当裂隙水入口温度相同时，随着裂隙水渗流速度增大，截线上裂隙水温降低。这主要是由于随着渗流速度的加快，裂隙水与围岩体的接触时间变少，热量交换减弱，因此裂隙水温升变慢。由图 2-22 可以看出，由于

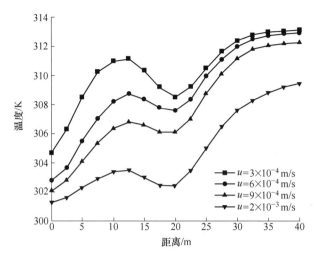

图 2-22　不同渗流速度下 $x=100\mathrm{m}$，$z=16\mathrm{m}$ 截线上的温度变化

裂隙的影响，围岩体在该截线的温度分布不对称。随着裂隙水渗流速度增大，截线上围岩体的温度降低。主要原因在于随着渗流速度增加，裂隙水与围岩体的对流换热系数增加，裂隙水与围岩体的对流换热效果更加剧烈，围岩体的温度也下降的越快。

D　裂隙张开度对裂隙围岩温度场的影响

图 2-23 所示为通风时间为 200 天、渗流速度为 $6\times10^{-4}\mathrm{m/s}$，以及围岩体的导热系数为 $2.035\mathrm{W/(m\cdot K)}$，裂隙张开度分别为 3mm、5mm、7mm 和 9mm 时，$x=100\mathrm{m}$，$z=18.0025\mathrm{m}$ 的截线温度分布图和 $x=100\mathrm{m}$，$z=16\mathrm{m}$ 的截线温度分布图。

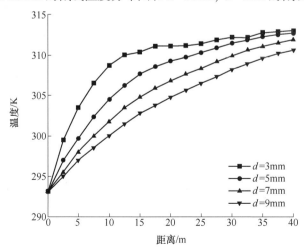

图 2-23　不同裂隙张开度下 $x=100\mathrm{m}$，$z=18.0025\mathrm{m}$ 截线上的温度变化

由图 2-23 可以看出，随着裂隙张开度的增大，裂隙水温度降低。这是由于裂隙张开度变大，裂隙水流量增加，将有更多的低温渗流水进入裂隙中与围岩进行热量交换，使得裂隙中的渗流水整体温度降低。由图 2-24 可以看出，随着裂隙张开度的增大，围岩体温度降低。这是由于裂隙宽度增加，进入裂隙中的渗流水越来越多，与围岩体进行热量交换带走的热量也越来越多，所以围岩体的温度越来越低。

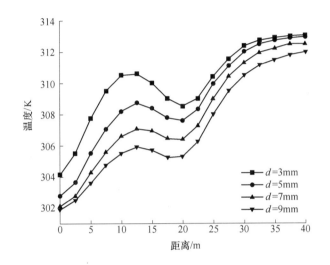

图 2-24　不同裂隙张开度下 $x=100m$，$z=16m$ 截线上的温度变化

E　围岩导热系数对裂隙围岩温度场的影响

图 2-25 和图 2-26 所示为通风时间为 100 天、裂隙张开度为 5mm，以及渗流速度为 $6×10^{-4}m/s$，围岩体的导热系数分别为 1.409W/(m·K)、2.035W/(m·K)、2.608W/(m·K) 和 3.288W/(m·K) 时，$x=100m$，$z=18.0025m$ 的截线温度分布图和 $x=100m$，$z=16m$ 的截线温度分布图。

从图 2-25 和图 2-26 可以看出，围岩体导热系数对裂隙水和围岩体的温度影响不大。随着导热系数的增加，裂隙水的温度升高，原因在于导热系数增加，围岩传递给裂隙水的热量增加，裂隙水得到更多的热量；随着导热系数的增加，围岩体的温度降低，原因在于导热系数增加，围岩传递给裂隙水的热量增加，导致围岩体失去更多的热量。

2.3.3　小结

（1）将深井裂隙围岩视为裂隙和基质岩块组成的双重介质，考虑传热和渗流的相互作用，建立了深井裂隙围岩流热耦合非稳态三维传热数学模型。

（2）建立了 40m×20m×200m 的深井单裂隙围岩传热计算几何模型，设置该模型

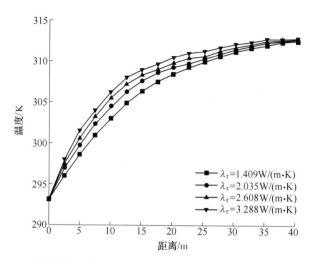

图 2-25　不同导热系数下 $x=100\text{m}$，$z=18.0025\text{m}$ 截线上的温度变化

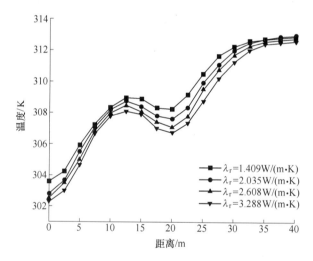

图 2-26　不同导热系数下 $x=100\text{m}$，$z=16\text{m}$ 截线上的温度变化

的初始条件与边界条件，利用 COMSOL 有限元分析软件进行数值全耦合求解，研究裂隙、通风时间、裂隙张开度、水流速度、围岩导热系数对温度场分布的影响规律。

（3）数值模拟结果表明：裂隙的存在降低了相邻围岩体的温度，围岩温度场等温线会向裂隙水流动方向发生偏折；在通风 50 天时，裂隙温度场与围岩温度场互不影响；通风 150 天时，这两个温度场之间相互融合干扰。通风时间越长，裂隙水渗流与巷道通风所形成的冷却区越大。通风时间为 200 天时，裂隙水渗流速度从 $3\times10^{-4}\text{m/s}$ 增大到 $2\times10^{-3}\text{m/s}$，裂隙中心线处水温平均降低了 9.4℃，平均降低了 3.13%；裂隙张开度从 3mm 增大到 9mm 时，裂隙中心线处水温平均降低了 5.3℃，平均降低了 1.75%；围岩体的导热系数从 1.409W/(m·K)增加到 3.288W/(m·K)时，裂隙中心线处水温平均增加了 1.9℃，平均降低了 0.62%。

2.4 深井多裂隙围岩渗流-传热耦合

2.4.1 深井多裂隙围岩渗流-传热物理模型

深井裂隙围岩的裂隙错综复杂，互相交叉连通或不连通，裂隙位置、裂隙个数及裂隙尺度都不相同。本研究对错综复杂的裂隙进行了简化，研究中取 2 条水平裂隙和 2 条竖直裂隙作为代表。深井裂隙围岩物理模型三维图如图 2-27（a）

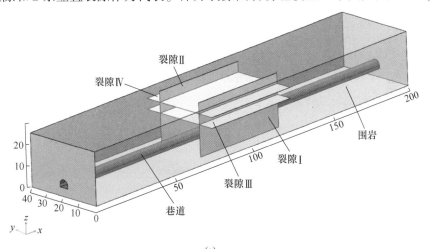

(a)

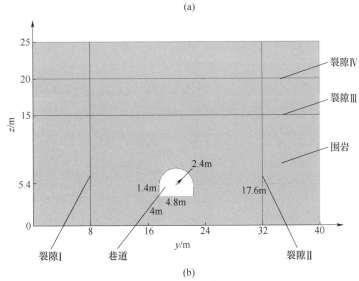

(b)

图 2-27 深井多裂隙围岩流热耦合物理模型

（a）三维图；（b）截面图

所示，计算区域为 40m×25m×200m 的巷道裂隙围岩，巷道断面为半圆拱形，$x=$ 100m 的截面图如图 2-27（b）所示。巷道尺寸及裂隙位置如图 2-27 所示。4 条裂隙相互连通，规则并正交。裂隙Ⅰ和裂隙Ⅲ中的水为流动，裂隙Ⅰ渗流水从 $z=25$m 自上而下流动，水平裂隙（下）中地下水从 $y=0$ 处自左向右流动。裂隙Ⅱ和裂隙Ⅳ中的水不流动，裂隙的张开度远远小于裂隙的长度和宽度。

2.4.2　深井多裂隙围岩渗流-传热数值模拟

为了研究深井裂隙围岩体流热耦合的规律，分别研究了不同裂隙渗流速度和裂隙张开度对围岩体温度场分布影响。用 COMSOL 软件进行数值模拟求解。

2.4.2.1　网格划分

应用 COMSOL 软件采用极端细化网格对图 2-27 所示物理模型进行网格划分，得到 311329 个域单元、29200 个边界单元、1662 个边单元，网络划分结果如图 2-28 所示。

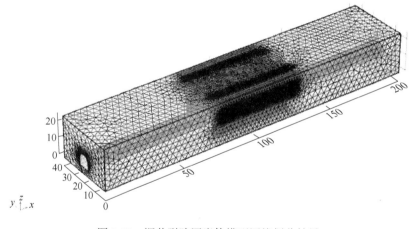

图 2-28　深井裂隙围岩体模型网格划分结果

2.4.2.2　深井裂隙围岩等温线分布

传热时间取 200 天，4 条裂隙的渗流速度均为 $6×10^{-4}$m/s，4 条裂隙张开度均取 5mm，数值模拟计算得到裂隙围岩温度场，裂隙围岩 $x=100$m 截面的等温线如图 2-29 所示。

从图 2-29 可以看出，距离巷道越远，围岩温度越高。这是因为距离巷道越远，巷道对围岩的影响逐渐减弱。巷道附近围岩等温线基本相似于巷道形状，越靠近巷道围岩等温线越规律。接近裂隙处围岩等温线呈现明显不规则，说明裂隙水的渗流作用对巷道围岩温度场有着明显的影响。

裂隙Ⅰ、裂隙Ⅲ和裂隙Ⅳ交汇处附近围岩呈现出较低的温度，说明多条裂隙对围岩温度场分布的影响更加强烈。

比较裂隙Ⅰ和裂隙Ⅱ下方围岩等温线，裂隙Ⅰ的等温线更加密集，温度更低。裂隙Ⅰ为流动流体，裂隙Ⅱ为静止流体，裂隙Ⅰ主要通过对流换热的方式传递热量，而裂隙Ⅱ主要通过导热的方式传递热量。对流换热传热更加剧烈，因此，流动裂隙对围岩温度场的影响远大于静止流体。更加密集的等温线说明裂隙Ⅰ附近围岩的热流密度更大，从裂隙水传递到围岩体冷量更多，因此裂隙Ⅰ附近围岩的温度更低。

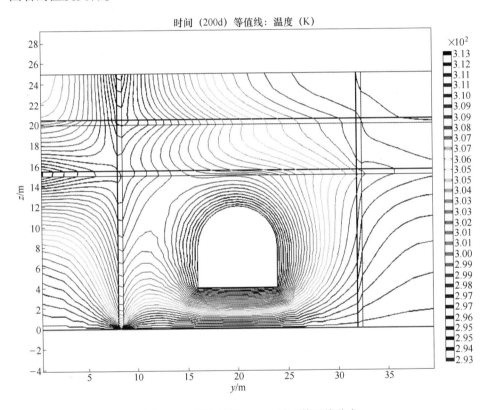

图 2-29　裂隙围岩 $x = 100$ 截面等温线分布

2.4.2.3　竖直裂隙渗流速度对裂隙水温度场的影响

传热时间取 100 天，裂隙Ⅲ的渗流速度为 6×10^{-4} m/s，4 条裂隙张开度均取 5mm，当竖直裂隙Ⅰ渗流速度分别为 3×10^{-4} m/s、6×10^{-4} m/s、9×10^{-4} m/s 及 2×10^{-3} m/s 时，分别进行模拟计算研究裂隙Ⅰ渗流速度对 4 条裂隙水温的影响。图 2-30（a）、（b）、（c）、（d）所示分别是裂隙Ⅰ、裂隙Ⅱ、裂隙Ⅲ和裂隙Ⅳ的中心线处裂隙水温度随裂隙Ⅰ渗流速度的变化图。

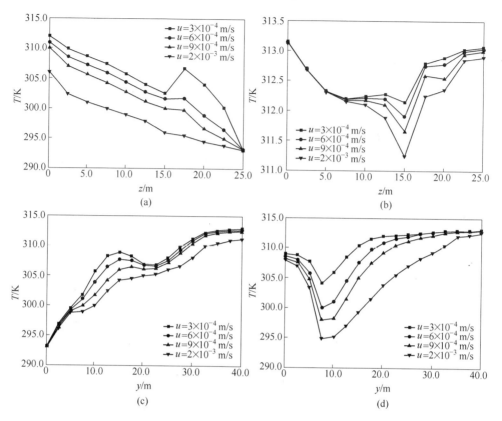

图 2-30 裂隙水温随裂隙Ⅰ渗流速度的变化

图 2-30（a）所示为裂隙Ⅰ水温分布图，水流方向自上至下。由图 2-30（a）可以看出，随着 z 的减少（沿着水流方向），裂隙水温基本逐渐升高，在 $z=0\mathrm{m}$ 时，水温基本接近初始岩温 313.15K；在 $z=25\mathrm{m}$ 时，裂隙水温度为初始水温 293.15K；裂隙Ⅰ水温分布图表明该裂隙水受围岩体温度场影响，随着渗流水的流动，渗流水逐渐吸收围岩体的热量，水温随着 z 的增加而逐渐降低。然而，渗流速度为 $3\times10^{-4}\mathrm{m/s}$、$6\times10^{-4}\mathrm{m/s}$ 和 $9\times10^{-4}\mathrm{m/s}$ 时，在 $z=15\mathrm{m}$ 水温均低于 $z=17.5\mathrm{m}$ 水温，产生突降的原因在于，在 $z=15\mathrm{m}$ 时，裂隙Ⅰ中的渗流水主要受裂隙Ⅲ渗流传热的影响，裂隙Ⅲ渗流水的一部分冷量通过围岩传递给裂隙Ⅰ，使裂隙Ⅰ水温有所降低，且裂隙Ⅰ渗流速度越小，传热时间越长，裂隙Ⅰ水温降低越多。渗流速度为 $2\times10^{-3}\mathrm{m/s}$ 时，裂隙Ⅰ携带冷量多，且传热接触时间短，裂隙Ⅰ受裂隙Ⅲ的影响较小，因此，裂隙Ⅰ在 $z=15\mathrm{m}$ 水温高于 $z=17.5\mathrm{m}$ 水温。由图 2-30（a）可以看出，随着裂隙Ⅰ渗流速度的增大，同一位置的裂隙Ⅰ水温降低，这是因为随着渗流速度的增加，裂隙Ⅰ渗流水携带的冷量增加，裂隙渗流水从围岩吸收的热量变小。

图 2-30 （b）所示为裂隙Ⅱ水温分布图。由图 2-30 （b）可以看出，随着 z 的增加，裂隙水温先降低再升高，裂隙水温度范围在 311.25～312.9K 范围内变化，波动范围很小，且基本接近原始岩温，说明裂隙Ⅱ水温主要受围岩体传热的影响。在 $z=15\text{m}$ 时，裂隙Ⅱ水温最低，主要原因在于 $z=15\text{m}$ 时，受流动流体裂隙Ⅲ的影响较大，裂隙Ⅲ水的冷量通过围岩传递到裂隙Ⅱ；在 $5\text{m} \leqslant z \leqslant 25\text{m}$ 时，裂隙Ⅱ水温随裂隙Ⅰ渗流速度的升高而降低，主要原因在于裂隙Ⅰ更多的冷量传递到裂隙Ⅱ渗流水；$z<5\text{m}$ 时，裂隙Ⅱ水温与裂隙Ⅰ渗流速度基本无关，原因在于此区域远离裂隙Ⅰ，基本不受裂隙Ⅰ渗流的影响。

图 2-30 （c）所示为裂隙Ⅲ水温分布图，水流方向自左至右。从图 2-30 （c）可以看出，随着 y 的增加（沿着水流方向），水温基本逐渐升高，在 $y=0\text{m}$ 时，裂隙水温度为初始水温 293.15K；在 $y=40\text{m}$ 时，裂隙水温度基本接近初始岩温 313.15K。图 2-30 （c）表明裂隙Ⅲ水温受围岩体温度场影响，随着裂隙水的流动，渗流水逐渐吸收围岩体的热量，裂隙水温随着 y 的增加而逐渐升高。$17.5\text{m} \leqslant y \leqslant 22.5\text{m}$ 时，随着 y 的增加，水温有所降低，产生降低的原因在于该区域处于巷道的附近，通过围岩将巷道的一部分冷量传递给裂隙Ⅲ的原因。由图 2-30 （c）可以看出，在 $y \leqslant 5\text{m}$ 时，裂隙Ⅲ水温基本与裂隙Ⅰ渗流速度无关，即裂隙Ⅰ的渗流在该区域的影响较小。在 $y>5\text{m}$ 时，随着裂隙Ⅰ渗流速度的增大，裂隙Ⅲ水温降低，这是因为随着渗流速度的增加，裂隙Ⅰ渗流水携带的冷量增加，通过围岩传递给裂隙Ⅲ的冷量增加，从而降低裂隙Ⅲ的水温。

图 2-30 （d）所示为裂隙Ⅳ水温分布图。从图 2-30 （d）可以看出，随着 y 的增加，裂隙水温先降低再升高，裂隙水温度范围在 294.9～312.6K 范围内变化，波动范围较小，且基本接近原始岩温，说明裂隙Ⅳ水温主要受围岩体传热的影响。在 $y=7.5\text{m}$ 渗流水温最低，出现水温最低的原因在于该区域紧靠裂隙Ⅰ，受裂隙Ⅰ的影响较大，裂隙Ⅰ的一部分冷量通过围岩传递到裂隙Ⅳ。由图 2-30 （d）可以看出，随着裂隙Ⅰ渗流速度的增大，裂隙Ⅳ水温降低，这是因为随着渗流速度的增加，裂隙Ⅰ渗流水携带的冷量增加，通过围岩传递给裂隙Ⅳ的冷量增加，从而降低裂隙Ⅳ的水温。

2.4.2.4 水平裂隙渗流速度对裂隙水温度场的影响

传热时间取 100 天，裂隙Ⅰ的渗流速度为 $6 \times 10^{-4}\text{m/s}$，4 条裂隙张开度均取 5mm，当水平裂隙Ⅲ渗流速度分别为 $3 \times 10^{-4}\text{m/s}$、$6 \times 10^{-4}\text{m/s}$、$9 \times 10^{-4}\text{m/s}$ 及 $2 \times 10^{-3}\text{m/s}$ 时，分别进行模拟计算，研究裂隙Ⅲ渗流速度对 4 条裂隙水温的影响。图 2-31 （a）、（b）、（c）、（d）所示分别是裂隙Ⅰ、裂隙Ⅱ、裂隙Ⅲ和裂隙Ⅳ的中心线处裂隙水温度随裂隙Ⅲ渗流速度的变化图。

图 2-31 （a）所示为裂隙Ⅰ水温分布图，水流方向自上至下。由图 2-31 （a）

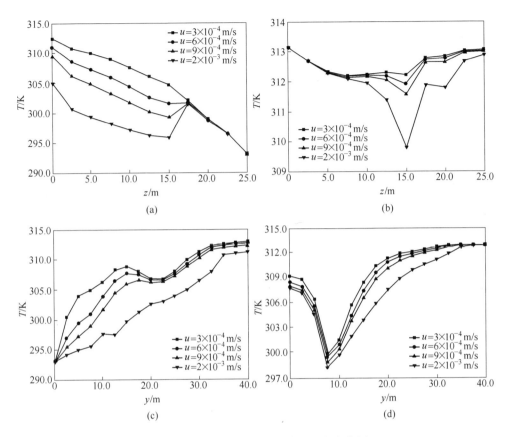

图 2-31　裂隙水温随裂隙Ⅲ渗流速度变化图

可以看出，随着 z 的减小（沿着水流方向），裂隙水温基本逐渐升高。在 $z=0\mathrm{m}$ 时，水温基本接近初始岩温 313.15K；在 $z=25\mathrm{m}$ 时，裂隙水温度为初始水温 293.15K。特殊地，渗流速度为 $6\times10^{-4}\mathrm{m/s}$、$9\times10^{-4}\mathrm{m/s}$ 和 $2\times10^{-3}\mathrm{m/s}$ 时，在 $z=15\mathrm{m}$ 水温均低于 $z=17.5$ 水温。产生突降的原因在于，在 $z=15\mathrm{m}$ 时，裂隙Ⅰ中的渗流水主要受裂隙Ⅲ渗流传热的影响，裂隙Ⅲ渗流水的一部分冷量通过围岩传递给裂隙Ⅰ，使裂隙Ⅰ水温有所降低，且裂隙Ⅲ渗流速度越大，裂隙Ⅲ携带冷量越多，裂隙Ⅰ水温降低越多。渗流速度为 $3\times10^{-4}\mathrm{m/s}$ 时，裂隙Ⅲ携带冷量少，裂隙Ⅰ受裂隙Ⅲ的影响较小，因此，裂隙Ⅰ在 $z=15\mathrm{m}$ 水温高于 $z=17.5$ 水温。由图 2-31（a）可以看出，随着裂隙Ⅲ渗流速度的增大，同一位置的裂隙Ⅰ水温降低，这是因为随着裂隙Ⅲ渗流速度的增加，裂隙Ⅲ渗流水携带的冷量增加，传递到裂隙Ⅰ的冷量增加。

　　图 2-31（b）所示为裂隙Ⅱ水温分布图。由图 2-31（b）可以看出，随着 z 的增加，裂隙水温先降低再升高，裂隙水温度范围在 309.8～312.9K 范围内变化，波动范围很小，且基本接近原始岩温。在 $z=15\mathrm{m}$ 时，裂隙Ⅱ水温最低，主

要原因在于 $z=15\mathrm{m}$ 时，受流动流体裂隙Ⅲ的影响较大，裂隙Ⅲ水的冷量通过围岩传递到裂隙Ⅱ；在 $5\mathrm{m}\leqslant z\leqslant25\mathrm{m}$ 时，裂隙Ⅱ水温随裂隙Ⅲ渗流速度的升高而降低，主要原因在于裂隙Ⅲ更多的冷量传递到裂隙Ⅱ渗流水；$z<5\mathrm{m}$ 时，裂隙Ⅱ水温与裂隙Ⅲ渗流速度基本无关，原因在于此区域远离裂隙Ⅲ，基本不受裂隙Ⅲ渗流的影响。

图 2-31（c）所示为裂隙Ⅲ水温分布图，水流方向自左至右。由图 2-31（c）可以看出，随着 y 的增加（沿着水流方向），水温基本逐渐升高，在 $y=0\mathrm{m}$ 时，裂隙水温度为初始水温 293.15K；在 $y=40\mathrm{m}$ 时，裂隙水温度基本接近初始岩温 313.15K。图 2-31（c）表明随着裂隙水的流动，裂隙Ⅲ渗流水逐渐吸收围岩体的热量，裂隙水温随着 y 的增加而大致逐渐升高。$17.5\mathrm{m}\leqslant y\leqslant22.5\mathrm{m}$ 时，随着 y 的增加，水温有所降低，产生降低的原因在于该区域处于巷道的附近，通过围岩将巷道的一部分冷量传递给裂隙Ⅲ的原因。由图 2-31（c）可以看出，随着裂隙Ⅲ渗流速度的增大，同一位置裂隙Ⅲ水温降低，这是因为随着渗流速度的增加，裂隙Ⅲ渗流水携带的冷量增加，吸收通过围岩传递热量减少。

图 2-31（d）所示为裂隙Ⅳ水温分布。从图 2-31（d）可以看出，随着 y 的增加，裂隙水温先降低再升高，裂隙水温度范围在 298.3～313.0K 范围内变化，波动范围较小，且基本接近原始岩温。在 $y=7.5\mathrm{m}$ 渗流水温最低，出现水温最低的原因在于该区域紧靠裂隙Ⅲ，受裂隙Ⅲ的影响较大，裂隙Ⅲ的一部分冷量通过围岩传递到裂隙Ⅳ。由图 2-31（d）可以看出，随着裂隙Ⅲ渗流速度的增大，裂隙Ⅳ水温降低，这是因为随着渗流速度的增加，裂隙Ⅲ渗流水携带的冷量增加，通过围岩传递裂隙Ⅳ的冷量增加，从而降低裂隙Ⅳ的水温。

2.4.2.5 竖直裂隙张开度对围岩温度场的影响

传热时间取 100 天，裂隙Ⅰ和裂隙Ⅲ的渗流速度均为 $6\times10^{-4}\mathrm{m/s}$，裂隙Ⅱ、裂隙Ⅲ和裂隙Ⅳ裂隙张开度均取 5mm，当裂隙Ⅰ的张开度为 3mm、5mm、7mm 和 9mm 时，分别进行模拟计算，研究裂隙Ⅰ张开度对 4 条裂隙水温的影响。图 2-32（a）、（b）、（c）、（d）所示分别是裂隙Ⅰ、裂隙Ⅱ、裂隙Ⅲ和裂隙Ⅳ的中心线处裂隙水温度随裂隙Ⅰ张开度的变化图。

从图 2-32（a）可以看出，随着裂隙Ⅰ张开度的增加，同一位置裂隙Ⅰ渗流水温度降低，这是因为裂隙张开度增加使裂隙Ⅰ携带冷量增加，吸收围岩体热量减少。

从图 2-32（b）可以看出，裂隙Ⅱ水温基本与裂隙Ⅰ张开度无关。由裂隙Ⅰ张开度的变化而导致的裂隙Ⅰ冷量的变化较小，而且裂隙Ⅱ与裂隙Ⅰ相距较远，因此，裂隙Ⅰ张开度基本不影响裂隙Ⅱ水温。

从图 2-32（c）可以看出，随着裂隙Ⅰ张开度的增加，同一位置裂隙Ⅲ渗流

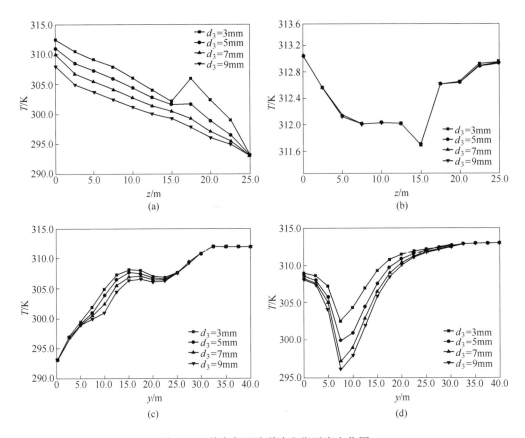

图 2-32　裂隙水温随裂隙 I 张开度变化图

水温度略有降低。这是因为裂隙张开度增加使裂隙 I 携带冷量增加，裂隙 I 冷量传递到裂隙Ⅲ的冷量增加。

从图 2-32（d）可以看出，在 $0m \leqslant y \leqslant 27.5m$ 时，随着裂隙 I 张开度的增加，裂隙Ⅳ水温降低。这是因为裂隙张开度增加使裂隙 I 携带冷量增加，传递到裂隙Ⅳ的冷量增加。在 $y > 22.5m$ 时，裂隙Ⅳ与裂隙 I 相距较远，因此，裂隙 I 张开度基本不影响裂隙Ⅱ水温。

2.4.2.6　水平裂隙张开度对围岩温度场的影响

传热时间取 100 天，裂隙 I 和裂隙Ⅲ的渗流速度均为 $6 \times 10^{-4} m/s$，裂隙 I、裂隙Ⅱ和裂隙Ⅳ裂隙张开度均取 5mm，当裂隙Ⅲ的张开度为 3mm、5mm、7mm 和 9mm 时，分别进行模拟计算，研究裂隙Ⅲ张开度对 4 条裂隙水温的影响。图 2-33（a）、（b）、（c）、（d）所示分别是裂隙 I、裂隙Ⅱ、裂隙Ⅲ和裂隙Ⅳ的中心线处裂隙水温度随裂隙Ⅲ张开度的变化图。

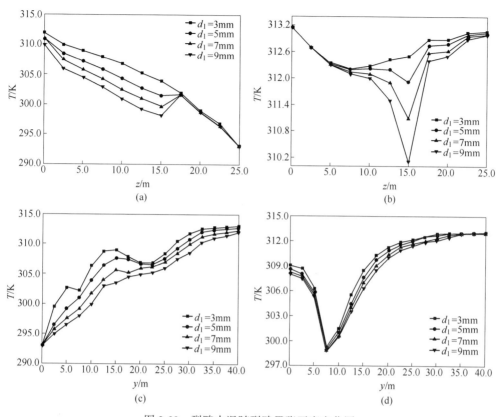

图 2-33　裂隙水温随裂隙Ⅲ张开度变化图

从图 2-33（a）可以看出，在 17.5m≤z≤25m 时，裂隙Ⅰ与裂隙Ⅲ相距较远，因此，裂隙Ⅲ张开度基本不影响裂隙Ⅰ水温。在 0m≤z<17.5m 时，随着裂隙Ⅲ张开度的增加，裂隙Ⅰ渗流水温度降低，这是因为裂隙张开度增加使裂隙Ⅲ携带冷量增加，裂隙Ⅲ更多冷量进入裂隙Ⅰ。

从图 2-33（b）可以看出，在 5m≤z≤25m 时，随着裂隙Ⅲ张开度的增加，裂隙Ⅱ渗流水温度降低，这是因为裂隙张开度增加使裂隙Ⅲ携带冷量增加，裂隙Ⅲ更多冷量进入裂隙Ⅱ；在 0m≤z<5m 时，裂隙Ⅱ与裂隙Ⅲ相距较远，因此，裂隙Ⅲ张开度基本不影响裂隙Ⅱ水温。

从图 2-33（c）可以看出，随着裂隙Ⅲ张开度的增加，裂隙Ⅲ渗流水温度降低。这是因为裂隙张开度增加使裂隙Ⅰ携带冷量增加，围岩传递到裂隙Ⅲ的热量减少。

从图 2-33（d）可以看出，随着裂隙Ⅲ张开度的增加，裂隙Ⅳ水温降低。这是因为裂隙张开度增加使裂隙Ⅲ携带冷量增加，导致传递到裂隙Ⅳ的冷量也增加。

2.4.3　小结

（1）将深井裂隙围岩视为裂隙和基质岩块组成的双重介质，考虑传热和渗流的相互作用，建立了深井裂隙围岩流热非稳态三维耦合方程，耦合方程包括围岩体温度场控制方程、裂隙水渗流场控制方程与裂隙水温度场控制方程。

（2）建立了 40m×25m×200m 的深井多裂隙围岩传热计算物理模型，利用 COMSOL 有限元分析软件进行数值全耦合求解，研究裂隙渗流速度和张开度对裂隙围岩温度场分布的影响规律。研究结果表明，裂隙围岩等温线分布受裂隙影响，裂隙的存在降低了与裂隙相邻围岩体的温度；裂隙水的渗流速度和裂隙张开度对该裂隙和相邻裂隙影响较大，渗流速度增大，该裂隙和相邻裂隙水温度降低；裂隙张开度增大，该裂隙和相邻裂隙水温度降低。

3 深井围岩与风流对流换热

<<<<<<<<<<<<<<<<<<<<<<<<<<<<<<<<<<<<<<<<<<<<<<<<<<<<<<<<<<<<<<<<<<<<<<<<<<<<<<

深井热量迁移是将围岩等热源产生的热量通过对流和辐射等热交换作用传递到风流中，引起风温的升高。忽略辐射影响，深井热量迁移方式主要是对流换热。研究和实际应用中，深井风流对流换热系数大都直接采用传热学中的管道内强迫对流换热的经验公式计算得到，但是否适用于深部矿井，还需对深井巷道与风流对流换热进行深入研究。本章对深井巷道与风流对流换热进行理论和实验研究，揭示深井风流对流换热规律，并建立深井风流对流换热的实验关联式。

3.1 深井围岩与风流对流换热相似模拟

3.1.1 相似准则数的确定

将矿井巷道近似看成大的管道，风流在巷道流动的过程中受高温围岩壁温的影响，风温不断升高，由于矿井巷道风速较大，即矿井风流雷诺数很大，风流一进巷道就在巷道壁面上逐渐发展形成湍流边界层，并最终汇集于巷道中心而达到充分发展[72]，因此，高温矿井巷道风流对流换热模型可看成管内不可压缩流体的湍流强制对流换热模型。

根据相似三定律[73]，对于不可压缩流体的流动，要保证相似模型与原型模型流场相似，要求模型和原型的雷诺准则（Re）、欧拉准则（Eu）和弗劳德准则（Fr）分别相等。矿井巷道内风流的雷诺准则（Re）基本都处于湍流区，且基本满足自模化要求，由于在自模化区，Re 不相等也会自动出现黏性力相似，故不必考虑 Re 相等，此时，欧拉数（Eu）是弗劳德数（Fr）的函数，原型和模型的动力相似只需保证弗劳德数（Fr）相等即可。

此外，由于高温矿井通风或降温时，送风温度与巷道内部风温存在温差，因此，高温矿井巷道风流流动还需考虑自然对流换热的问题。对于自然对流，动量微分方程中需要增加体积力项。体积力与压力梯度合并成浮力，此时有效重力就是重力和浮力之差，所以可采用弗劳德数（Fr）的变形——阿基米德数（Ar）作为模型准则[74]。因此，矿井巷道风流对流换热可在保证雷诺数处于"自模区"的前提下，按相似模型与原型的阿基米德数相等设计相似模拟模型。也就是说，矿井巷道风流流动与传热相似模拟实验装置的同名相似准则数为阿基米德数，实验装置需保证阿基米德准则数与原型相等。

3.1.2　单值条件的确定

模拟实验装置还必须考虑单值条件。单值条件包括几何条件、介质条件、边界条件及初始条件。

对于深井风流的对流换热问题而言，要保证几何相似就是要保证模型与原型在几何形状上成比例，因此在模型设计中将实际原型按比例缩小就可满足几何条件。

介质条件是指模型气体的物理性质以及实际的物理性质，本实验模型介质和原型的介质都是空气，且采用空气温度也相同，故介质条件也满足。

边界条件是指模型和原型采用相同的进出口流体温度和巷道壁面温度，实验模型采用与原型相同的入口温度和巷道壁面温度，在这种条件下模型与原型的出口温度也相同，故边界条件也满足。

本研究主要考虑稳态情况，故不考虑初始条件。

3.1.3　对流换热系数的计算

实验中还需计算矿井巷道风流对流换热系数，其中对流换热系数的计算采用如下方法。

风流的得热量为：

$$Q_1 = G(i_2 - i_1) \tag{3-1}$$

式中　　Q_1——风流的得热量，kW；

　　　　G——风流质量流量，kg/s；

　　　　i_1——巷道入口空气的焓值，kJ/kg；

　　　　i_2——巷道出口空气的焓值，kJ/kg。

巷道壁面与风流的对流换热量为：

$$Q_2 = h(t_w - t_p)A \tag{3-2}$$

式中　　Q_2——巷道壁面与风流的对流换热量，kW；

　　　　h——巷道壁面与风流的对流换热系数，kW/(m^2·℃)；

　　　　t_w——巷道壁面温度，℃；

　　　　t_p——巷道风流平均温度，℃，计算中取巷道入口和出口风流温度的算术平均值；

　　　　A——巷道壁面的表面积，m^2。

忽略巷道风流在流动过程的热损失，那么，巷道风流的得热量就等于巷道壁面与风流的对流换热量，即 $Q_1 = Q_2$，故可求出巷道壁面与风流的对流换热系数 h，如下所示：

$$h = \frac{G(i_2 - i_1)}{(t_{\mathrm{w}} - t_{\mathrm{p}})A} \tag{3-3}$$

3.2　深井围岩与风流对流换热相似模拟实验

3.2.1　相似实验装置几何参数

根据以上分析获得的相似准则数和单值条件，设计了高温矿井风流对流换热实验装置。模拟实验装置的设计保证了原型和模型的阿基米德数相等，此外还满足了单值条件。因此，本实验装置模型与原型对流换热过程相似，实验结论可推广到实际矿井中。

由于地质结构、煤质、开采方式、设备工艺等差异，井下巷道形式各不相同。本实验模型采用重庆永荣矿业有限公司永川煤矿的巷道形式，本实验原型高温矿井长 90m、宽 4.8m、高 4.1m，截面为拱形。按实际巷道的尺寸形状，根据相似准则建立长度比例为 1:10 的模拟巷道实验系统。

本实验模拟巷道系统的主要尺寸数值如下：实验主体底座长为 12m，上部巷道实验段长为 11m，巷道底部的净宽为 0.48m，模拟巷道底面至最高点为 0.41m，巷道模型系统主体的下部安装多个铁质支架，高度为 0.5m，用来支撑整个实验平台。模拟实验系统采用分段式设计，便于拆卸、安装和移动，各段连接处均采用密封胶带填充，然后打孔，使用螺栓和螺母进行固定，以保证整体气密性。模拟巷道实验系统如图 3-1 所示。

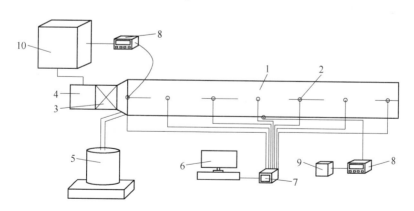

图 3-1　相似模拟实验系统原理图

1—模型主体；2—测点；3—风机；4—加热器；5—电极加湿器；6—计算机；
7—数据采集器；8—温度控制器；9—交流接触器；10—电控箱

模拟实验的巷道上部拱顶部分从中轴分为两部分，一侧采用不锈钢的半马蹄状拱弧型设计，上面打有小孔，便于测量温度等；另一侧采用了可耐1000℃高温的微晶玻璃组成的钝角菱形连接设计，最大程度地遵循几何相似的原则。

除长度比例外，实验巷道与实际巷道的其他比例关系见表3-1。

表3-1　模型与原型比例

	长度	面积	速度	风量	散热	热流密度
模型	1	1	1	1	1	1
实际	10	100	$\sqrt{10}$	$10^{\frac{5}{2}}$	$10^{\frac{5}{2}}$	$10^{\frac{5}{2}}$

3.2.2　相似实验装置围岩边界

在巷道壁面外侧贴加热电缆对其加热，维持矿井围岩温度，以此模拟高温矿井围岩温度场。电缆通过导线连通电源，将电能转化为热能。系统用温控器进行控制调节，以保证加热温度在所要求的范围内。为了保证模拟围岩温度场的准确性，用若干条电缆均匀贴在模型外壁面，将温度值设定在每次实验所需的围岩温度值上，对其加热，并用温度控制仪表进行控制。当壁面温度达不到所设定的温度时，仪表控制加热电缆加热，当壁面温度达到所设定的温度值或将超过设定温度时，控制仪表控制电源断电，如此循环。由于所有加热电缆并联功率过大，为了防止负荷过载烧坏设备，需连接交流接触器和空气开关。模拟巷道表面包裹保温棉，保证实验边界条件的稳定性。

3.2.3　相似实验系统

按实际巷道的尺寸形状，根据相似准则建立几何比例为1∶10的模拟巷道实验装置，因此模型巷道长9m、宽0.48m、高0.41m。本系统主要分为模拟巷道系统、围岩温度控制系统、风流温度控制系统、通风系统和数据采集系统，实验系统图如图3-1所示，实验台系统整体实物图如图3-2所示。测点从巷道入口到出口均匀布置，每隔1.5m设置1组测点，共设置7组测点；每组测点在截面上均匀布置3个测点，共设置了21个测点。因模拟巷道上部和下部是对称分布，上部与下部的温度场分布相同，故3个测点都设置在模拟巷道的上部，分别设置在巷道截面的壁面处、巷道中心处及壁面到巷道中心的1/2处。

模拟巷道主体由模拟的矿井巷道组成，巷道主体尺寸由相似比确定。模拟巷道主体由若干块模板通过螺栓联结组装而成，在模型内壁粘木条模拟钢梁支护，并用塑料胶条密封以防漏气。

围岩散热模拟装置由加热电缆加热带模拟围岩散热，加热电缆通过导热将热量传到壁面，最后通过与风流的强制对流换热，传到风流中，加热电缆的加热量由所需壁温确定。围岩散热模拟装置的外面用泡沫塑料进行外保温，模拟围岩无限大边界条件，即在无限远处原始岩温恒定。

空气处理模拟装置由电加热器和电加湿器组成，用于控制送入巷道的送风空气参数，实现多种送风风流参数。

通风系统由轴流风流提供巷道风流流动的动力，并进行风速控制。

数据采集及控制系统由围岩壁温控制系统、送风参数控制系统以及巷道进口、出口及内部多个测试点的数据采集系统组成。通过电缆加热带的温度控制器控制围岩壁温；通过轴流风机页窗控制巷道入口风流风速；通过电加热器的调压器控制巷道入口风流的温度值；通过电极加湿器的控制器调节巷道入口气流的湿度。数据采集系统采集各测点的风速、风温、湿度和风压。

图 3-2 相似模拟实验装置实物

3.3 深井围岩与风流对流换热实验结果与分析

3.3.1 实验及计算数据

设置围岩壁温为 36℃、38℃、40℃共 3 种情况；设置风流温度为 18℃、20℃、22℃、24℃、26℃、28℃、30℃，共 7 种情况，设置风流速度为 1m/s、1.5m/s、2m/s、2.5m/s，共 4 种情况。根据上述变量，分别在其他 2 个变量不变的情况下，改变第 3 个变量的值进行实验，测得测点的温度值，然后改变变量类型，重复实验。例如壁面温度为 36℃，风流温度 18℃的情况下，分别设风流风速为 1m/s、1.5m/s、2m/s、2.5m/s，得出以风速为变量的 4 种情况（t_w = 36℃，t_f = 18℃，v = 1m/s；t_w = 36℃，t_f = 18℃，v = 1.5m/s；t_w = 36℃，t_f = 18℃，v = 2m/s；t_w = 36℃，t_f = 18℃，v = 2.5m/s）下的对流换热情况。然后改变变量类型，继续实验。共做 84 组不同工况的实验。

实验可获得 84 组工况下的壁温温度、入口风速、入口风温、入口相对湿度、出口风温、出口相对湿度实验数据。由入口风速和入口巷道截面积可求出风流的风量，由入口和出口的风温和相对湿度通过查湿空气焓湿图可获得入口和出口的焓值，从而可求出巷道风流对流换热系数。

3.3.2　围岩与风流对流换热系数变化规律

图 3-3 所示为壁温 t_w 为 36℃、38℃ 和 40℃ 时，不同入口风速及入口风温条件下，巷道风流对流换热系数变化曲线图。

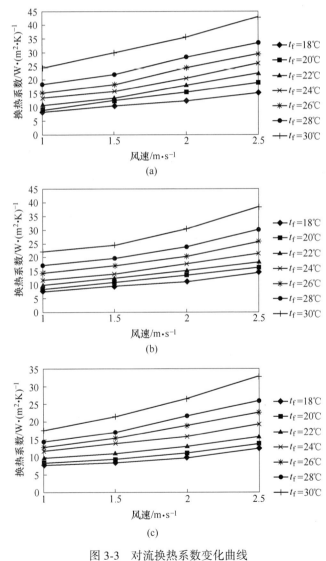

图 3-3　对流换热系数变化曲线

（a）壁温 36℃；（b）壁温 38℃；（c）壁温 40℃

由图 3-3 可以看出，不同壁温条件下，入口风速及入口风温变化所引起的巷道风流对流换热系数变化趋势相同。

在壁温及入口风温不变的条件下，随着送风速度的增加，对流换热系数也随之增大；在壁温及入口风速不变的条件下，随着入口风温的增加，对流换热系数也增大；而且，入口风温越大，对流换热系数随风速的变化率也越大。

3.3.3 对流换热系数相关分析

通过以上实验及计算数据，对模拟巷道风流对流换热系数与巷道壁温、巷道入口风速、巷道平均风流温度和巷道平均风流含湿量的关系进行相关分析，其中，平均风流温度和平均含湿量均取入口和出口的算术平均值，使用统计软件 SAS8.2 编写相关分析程序。

计算对流换热系数值与 4 个影响因素间的相关系数矩阵，检验水平 α 取 0.05，采用费歇尔提出的 t 分布检验，检验结果用 P 值表示，如 P 值小于 0.05，就认为对流换热系数和相应的影响因素存在显著性的相关关系。相关性分析结果见表 3-2。

表 3-2 对流换热系数与各影响因素相关性分析

影响因素	相关系数	P 值
壁温	−0.2436	0.0255
风速	0.5253	<0.0001
平均温度	0.7364	<0.0001
平均含湿量	0.1219	0.2635

从表 3-2 的相关系数的假设检验结果（P 值）来看，对流换热系数与壁温、风速、平均温度存在显著的相关关系（$P<\alpha=0.05$），而与平均含湿量之间的关系最不密切。

从表 3-2 中可以看出，对流换热系数与平均温度的相关系数最大，为 0.7364，呈现出高度相关，表示巷道内风流温度对换热系数的影响最大；入口风速与换热系数的相关系数为 0.5253，呈现中度相关，说明与风速对换热系数的影响较大；壁温与换热系数的相关系数为−0.2436，呈现低度负相关，说明壁温对换热系数有一定的影响，但影响不大。

3.3.4 实验关联式

为了将实验结果推广到实际矿井，需确定用相似准则数表示的实验关联式，由巷道对流换热系数的相关分析可以看出对换热系数产生影响的因素从大到小的顺序是：巷道风流平均温度、巷道入口风速及巷道壁温，对应的有关的相似准则数分别为以巷道风流平均温度为定性温度的普朗特数（Pr_f）、雷诺数（Re）和以巷道壁面温度为定性温度的普朗特数（Pr_w），而与换热系数相关的相似准则数是努塞尔数（Nu）。

用实验数据对 Nu 与 Pr_f、Re 及 Pr_w 建立回归模型，可得到对流换热的实验关联式，在对流换热研究中，以相似准则数的幂函数形式整理实验数据最为常见，因此，使用统计软件 SAS8.2 来编写幂函数回归分析程序。

得到幂函数回归模型为：

$$Nu = 0.065Re0.695\frac{Pr_w^{251}}{Pr_f^{257}} \tag{3-4}$$

式中　Nu——努塞尔数，$Nu = \dfrac{hd}{\lambda}$；

　　　h——巷道与风流的对流换热系数，$kW/(m^2 \cdot ℃)$；

　　　d——定性尺寸；

　　　λ——风流的导热系数，$kW/(m \cdot ℃)$；

　　　Re——雷诺数，$Re = \dfrac{ud}{\nu}$；

　　　u——风流的平均速度，m/s；

　　　ν——风流的运动黏度系数，m^2/s；

　　　Pr——普朗特数，$Pr = \dfrac{\nu}{a}$；

　　　a——风流的热扩散率，m^2/s。

以上实验关联式中，除 Pr_w 用壁温为定性温度外，其他准则数均采用风流进出口温度的算术平均值为定性温度，准则数的特征尺度均为巷道截面的当量直径。

回归模型的判定系数为模型平方和占总平方和的比例，反映了回归方程能够解释的信息占总信息的比例。经计算，判定系数为 0.8857，指出了以上回归方程能够解释努塞尔数（Nu）中的 88.57% 的信息，还有 1−88.57% = 11.43% 努塞尔数的信息无法用壁温、风速及平均温度解释，这些信息需由其他影响因素和随机因素解释。

3.3.5　小结

（1）在巷道围岩壁温不变和入口风温不变的条件下，随着风速的增加，巷道风流对流换热系数随之增加。在巷道围岩壁温不变和入口风速不变的条件下，随着送风温度的增加，巷道风流对流换热系数随之增加，且对流换热系数的变化率也增加。

（2）通过对高温矿井巷道风流的对流换热系数的相关分析，得出对换热系数影响因素从大到小的顺序为巷道平均风流温度、入口风速及壁温，其中巷道内风流的平均温度和入口风速均与对流换热系数呈正相关，而巷道壁温与对流换热系数呈负相关。

（3）对高温矿井巷道风流的对流换热建立了实验关联式，实验关联式能够解释努塞尔数中的 88.57% 的信息，实验所获得的实验关联式可应用于实际矿井。

4 深井吸附降温系统

本章论述采用吸附降温对深井工作面进行深度降温除湿的有关理论与技术。针对深井高温高湿环境，设计了适用于深井环境的深井吸附降温系统，对深井吸附降温系统进行热力学理论分析，并搭建了该深井吸附降温系统实验平台，测试并研究了在深井环境下，主要运行参数对系统热湿性能及能耗性能的影响。

4.1 深井吸附降温系统的提出

深井热量控制主要采用的是人工制冷的方法。目前，国内外运用的深井降温技术的基本原理大都是通过制冷机组提供冷源（冰或冷水），经专用的输冷管道输送到采掘工作面的空气冷却器，同工作面的湿热空气进行热交换，来进行冷却和除湿的，这种热湿联合处理的降温方式存在如下问题[75]：

（1）热湿联合处理造成能源浪费——能耗大。显热负荷本可以采用高温冷源（天然冷源或高温冷水机组）带走，却与除湿一起共用低温冷源（低温冷水机组）进行处理，造成能量利用品位上的浪费。

（2）降温降湿的显热潜热比难以与矿井风流的热湿比相匹配——湿度大。通过冷凝方式对矿井风流同时进行冷却和除湿，当不能同时满足温度和湿度的要求时，矿井一般采取牺牲湿度的做法，通过仅满足温度的要求来妥协，造成大多数高温矿井风流相对湿度接近饱和的现象。

要从根本上解决深井降温存在的两个主要问题，除热可用较高温度的冷源（天然冷源或高 COP 的高温冷水机组），大大降低能耗，解决能耗大的问题；除湿可用除湿能力大的除湿设备，降低深井工作面风流湿度，解决深井风流湿度过高的问题。

充分考虑系统的节能性和深井特殊环境及要求，提出采用转轮除湿机处理潜热的深井吸附降温系统。

4.2 单转轮深井吸附降温系统

4.2.1 热力学分析

在深井高温高湿条件下，提出单转轮深井吸附降温系统，主要由前表冷器、转轮除湿机、后表冷器和风机组成。深井吸附降温系统的原理图如图 4-1 所示。

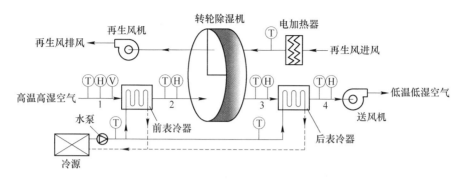

图 4-1 深井吸附降温系统实验平台原理图

处理空气流程为：高温高湿矿井空气先经前表冷器预冷除湿，然后送入转轮除湿机的除湿区中，经干燥剂吸附去湿（由于吸附热的产生使处理空气变成高温低湿的空气），然后送入后表冷器进行冷却，变成低温低湿空气，最后由送风机送到矿井工作面。处理空气过程的温湿图如图 4-2 所示。转轮除湿机处理后的空气温度较高，用高温冷源就可以实现冷却，因此，前表冷器和后表冷器的冷源都可采用高温冷水机组或天然冷源。

再生空气流程为：吸附水的转轮除湿机的除湿区在转轮除湿机电机的带动下，缓慢旋转到再生区。再生空气由电加热器加热到再生温度后变成温度高、相对湿度低的空气，然后送入除湿转轮的再生区中，加热转轮内的干燥剂，使其吸附的水分蒸发，恢复转轮的除湿能力，最后由再生风机驱动排出系统。转轮除湿机的再生区缓慢旋转到除湿区，再进行下一个循环。

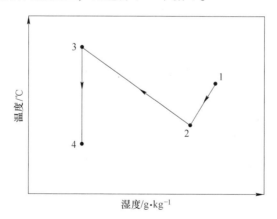

图 4-2 单转轮深井降温吸附系统空气处理过程温湿图

4.2.2 转轮除湿机

在深井吸附降温系统中，转轮除湿机是最关键的部件。国内外学者对不同吸附材料的转轮除湿机的性能进行了大量理论、数值模拟和实验研究。建立的转轮除湿机模型主要分为气侧阻力（gas-side resistance，GSR）模型、气-固两侧（gas-solid-side resistance，GSSR）阻力模型和实验模型三大类。

众多研究表明，转轮除湿机在各种条件下运行，传热传质过程非常复杂，如传热传质阻力在空气侧的对流传热传质、吸附剂固体内部的导热和分子扩散、吸附剂界面上的吸附反应，而且转轮除湿机内部空气流道也非常复杂，其内部传热传质规律不易精确得到。因此，本书运用实验方法对转轮除湿机传热传质进行研究，这能反映转轮除湿机的传热传质性能，从而优化和控制转轮除湿机的运行工况。另外，基于实验数据，利用回归方法建立了转轮除湿机的出口参数的预测模型，该预测模型可预测转轮除湿机的性能，并进一步优化转轮除湿机以及转轮除湿机降温系统的自动控制。

4.2.2.1　转轮除湿机传热传湿实验装置

图 4-3 所示是转轮除湿机实验装置原理图。转轮除湿机实验装置主要包括三个部分：（1）空气预处理设备；（2）转轮除湿机；（3）测试系统。新风先经过空气预处理设备进行处理，制备出各种条件的空气，再进入转轮除湿机，与加热后的再生空气进行热、湿交换。这个实验台可以在不影响转轮除湿机本体参数的情况下，改变处理空气和再生空气的参数，以达到本实验研究的目的。空气预处理设备是 1 台恒温恒湿空调机组，该机组内设直膨机盘管、电极加湿器、电加热器和风机。空调机组性能参数见表 4-1。

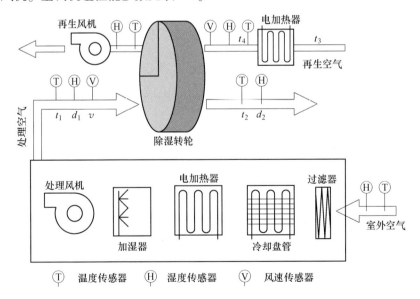

图 4-3　转轮除湿机实验装置原理图

表 4-1 空气预处理设备的性能参数

设 备	性 能	参 数
直膨机盘管	冷量	12.10kW
	制冷剂类型	R22
	水盘材料	镀锌铜
电极加湿器	加湿量	5.00kg/h
	水盘材料	镀锌铜
电加热器	电加热量	8.00kW
风机	风机型号	SYD20OR
	电机功率	1.10kW

实验装置中，转轮除湿机干燥吸附剂为蜂窝状硅胶。转轮除湿机性能参数见表 4-2。

表 4-2 转轮除湿机的性能参数

性 能	参 数	单 位
额定除湿量	9.45	kg/h
额定处理风量	1500	m³/h
额定再生风量	500	m³/h
再生角度	90°	
再生（电加热）能耗	18	kW
再生风机功率	0.37	kW
转轮直径	550	mm
转轮厚度	200	mm
机组重量	220	kg

实验装置利用数据采集仪对实验数据进行采集和分析。数据采集器采用 Lab-VIEW 2013，可以控制所有四个状态点的相对湿度、温度和风速。一旦达到所需的空气条件，即可打开电加热器获得所需的再生温度。

4.2.2.2 转轮除湿机传热传湿实验方法

通过上述实验装置，研究进口空气温度、进口空气湿度、进口空气风速和再生空气温度这四个主要运行参数对转轮除湿机性能的影响。每组实验改变其中一个参数值，保持其他参数不变。其中进口空气温度变化时，分别完成了进口空气含湿量不变和进口空气相对湿度不变 2 组实验，共进行了 5 组对比实验，共 45 次实验，实验工况范围见表 4-3。

表 4-3 实验数据范围

$t_1/℃$	$d_1/g \cdot kg^{-1}$	$v/m \cdot s^{-1}$	$t_4/℃$
19 ~ 34	8 ~ 18	2.5 ~ 4.7	60 ~ 120

4.2.2.3 性能指标

转轮除湿机性能主要是除湿量、除湿效率和除湿能效比，但当转轮除湿机应用于降温系统中，除湿后的温度会影响转轮除湿降温系统的冷却效率及能耗，因此本书考虑了与温度有关的显热变化量和显热能效比。

A 除湿量（D）

除湿量反映的是空气经过转轮除湿机后湿量的变化，是转轮除湿机关键的性能指标之一。

$$D = M_{proc}(d_1 - d_2) \tag{4-1}$$

式中 D——转轮除湿机进口与出口空气的含湿量之差，g/s；

d_1——转轮除湿机进口的空气含湿量，g/kg；

d_2——转轮除湿机出口的空气含湿量，g/kg；

M_{proc}——处理空气的质量流量，kg/s。

B 除湿率（E）

除湿率反映了空气经过转轮除湿机后含湿量的变化率，一般而言，除湿率越高说明转轮除湿机的除湿性能越好。

$$E = \frac{d_1 - d_2}{d_1} \tag{4-2}$$

式中 E——转轮除湿机进、出口空气含湿量的变化率，%。

C 显热量（S）

显热量反映的是空气经过转轮除湿机后显热的变化量，转轮除湿机在处理空气除湿的过程中，释放大量吸附热，导致转轮除湿机出口温度升高，显热变化量越小，转轮除湿机除湿后的温升越小，转轮除湿机的显热变化性能越好。

$$S = cM_{proc}(t_2 - t_1) \tag{4-3}$$

式中 c——空气的定压比热容，kJ/(kg · K)；

t_1——转轮除湿机进口的处理空气干球温度，℃；

t_2——转轮除湿机出口的处理空气干球温度，℃。

D 显热能效比（SER）

显热能效比是指处理空气经过转轮除湿机后显热变化量与再生空气加热后显热变化量的比值，是转轮除湿机在除湿降温系统中的另一个关键性能指标。SER

值越低意味着 DW 正在创造较低的显热冷负荷，表明 DW 的性能越好。转轮除湿机应用于吸附降温系统中，*SER* 值越低意味着吸附降温系统的冷却设备承担的冷负荷越低。

$$SER = \frac{M_{proc}(t_2 - t_1)}{M_{reg}(t_4 - t_3)} \tag{4-4}$$

式中　t_2——转轮除湿机出口的处理空气干球温度，℃；

　　　t_4——室外空气干球温度，℃。

E　除湿能效比（*DCOP*）

除湿能效比是转轮除湿机除湿过程消耗热量与再生过程消耗热量的比值，综合反映了转轮除湿性能与能量消耗的关系，可用于评价再生温度对转轮除湿机性能和耗能的影响。

$$DCOP = \frac{M_{proc}\Delta h_{vs}(d_1 - d_2)}{M_{reg}c_p(t_3 - t_4)} \tag{4-5}$$

式中　Δh_{vs}——汽化潜热，kJ/kg。

4.2.2.4　实验结果及分析

A　进口空气温度

实验工况为：在进口空气湿度 10g/kg、进口空气风速 2.7m/s、再生空气温度 100℃的情况下，改变进口空气温度，实验结果如图 4-4~图 4-5 所示。

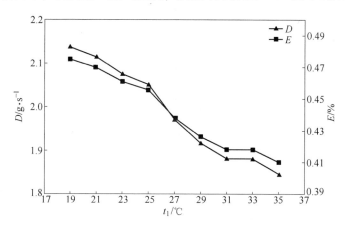

图 4-4　含湿量不变时进口温度对除湿量和除湿率的影响

从图 4-4 可以看出，进口空气含湿量保持不变时，随着进口空气温度的升高，除湿量和除湿率都逐渐减小。当温度由 19℃增大到 35℃时，除湿量降低了0.293g/s，除湿率降低了 0.065%。分析原因在于吸湿剂表面温度随着进口空气温度的升高而升高，导致吸湿剂表面的水蒸气分压力升高，与进口空气间的水蒸

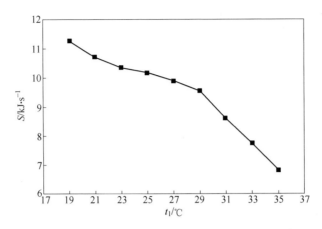

图 4-5　含湿量不变时进口温度对显热变化量的影响

气分压力差减小，传质驱动势差减小，从而使传质过程减弱，即除湿量减小。

从图 4-5 可以看出，进口空气含湿量保持不变时，随着进口空气温度的升高，显热变化量逐渐减小。当温度由 19℃ 增大到 35℃ 时，显热量降低了 4.432kW。原因在于，随着进口空气温度的升高，除湿量减小，产生的吸附热减少，从而显热变化量降低。

当转轮除湿机的进口空气干球温度 t_1 变化时，还有一种情况是保持进口空气的相对湿度不变。在进口空气相对湿度 50.7%、进口空气风速 2.7m/s、再生空气温度 100℃ 的情况下，改变进口空气温度，实验结果如图 4-6~图 4-7 所示。

从图 4-6 可以看出，进口空气相对湿度保持不变时，随着进口空气温度的升高，除湿量逐渐增大，而除湿率的变化趋势为先减小后增大。当温度由 19℃ 增大到 35℃ 时，除湿量升高了 2.097g/s；当温度由 19℃ 增大到 29℃ 时，除湿率降低了 0.204%；当温度由 29℃ 增大到 35℃ 时，除湿率升高了 0.072 %。原因在于，当相对湿度不变时，进口空气含湿量随着空气干球温度的升高而升高，使得进口空气的水蒸气分压力升高，并且增幅大于吸湿剂表面水蒸气分压力的增幅，故进口空气与吸湿剂表面的水蒸气分压力差增大，传质驱动势差增大，传质过程得到强化，即除湿量增大。除湿率的变化随除湿量和进口含湿量的改变而改变，呈现出先降低再升高的趋势。

从图 4-7 可以看出，进口空气相对湿度保持不变时，随着进口空气温度的升高，显热量逐渐减小。当温度由 19℃ 增大到 35℃ 时，显热量降低了 4.296kW。原因在于，随着进口空气温度的升高，除湿量增加，释放的吸附热增加[76]，造成出口空气温度升高，但总的升高趋势低于进口空气温度的升高，因此，进出口温差降低，显热量降低。

综合以上分析结果，含湿量保持不变时，高温对除湿能力有抑制作用，因

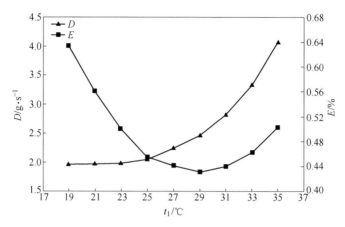

图 4-6 相对湿度不变时进口温度对除湿量和除湿率的影响

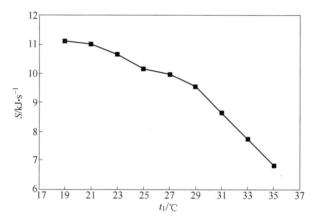

图 4-7 相对湿度不变时进口温度对显热变化量的影响

此，在含湿量不变的情况下，要提高转轮除湿机的除湿能力，可采取对处理空气进行预冷的方式来增大除湿量和除湿率。相对湿度保持不变时，高温可增大除湿量及降低显热量，因此，相对湿度不变的情况下，转轮除湿机对高温空气的处理具有良好的除湿量和显热量。

B 进口空气湿度

实验工况为：在进口空气温度 25℃、进口空气风速 2.7m/s、再生空气温度 100℃的情况下，改变进口空气湿度，实验结果如图 4-8~图 4-9 所示。

从图 4-8 可以看出，随着进口空气含湿量的增加，除湿量逐渐增大，除湿率先减小后增大，当含湿量由 8g/kg 增大到 18g/kg 时，除湿量升高了 0.891g/s；当含湿量由 8g/kg 增大到 16g/kg 时，除湿率降低了 0.213%；当含湿量由 16g/kg 增大到 18g/kg 时，除湿率升高了 0.032%。原因在于，进口含湿量增加，空气中

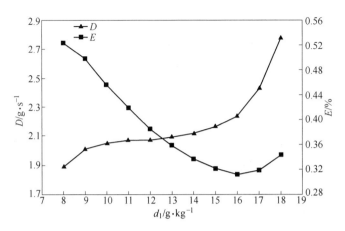

图 4-8　进口湿度对除湿量和除湿率的影响

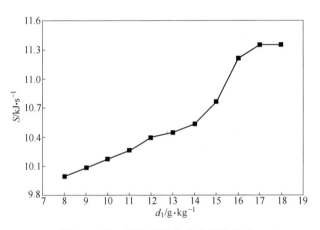

图 4-9　进口湿度对显热变化量的影响

的水蒸气分压力相应增加，与吸湿剂表面的水蒸气分压力差就增大，从而强化了传质，即除湿量增加。而除湿量在进口湿度小于 16g/kg 时增加的幅度小于含湿量的增加幅度，在进口湿度大于 16g/kg 时与之相反，因此除湿率的变化趋势为先减小后增大。

从图 4-9 可以看出，随着进口空气含湿量的升高，显热量逐渐增加。当含湿量由 8g/kg 增大到 18g/kg 时，显热量增加了 1.356kW。原因在于，随着进口空气含湿量的升高，除湿量逐渐增加，产生的吸附热增加，从而显热量增加。

综合以上分析结果，转轮除湿机对高湿空气具有很好的除湿能力，但同时增大了显热变化量，增大的显热变化量会造成转轮降温系统冷却能耗的增加。

C　进口空气风速

实验工况为：在进口空气温度 25℃、进口空气湿度 10g/kg、再生空气温度

100℃的情况下，改变进口空气风速，实验结果如图4-10~图4-11所示。

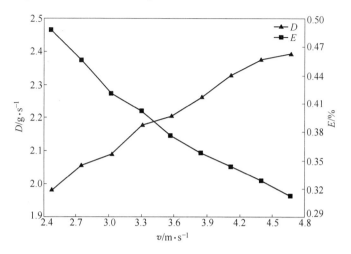

图 4-10　风速对除湿量和除湿率的影响

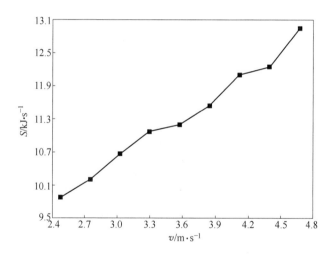

图 4-11　风速对显热能效比和显热变化量的影响

从图4-10可以看出，随着风速 v 的增加，除湿量逐渐增加，除湿率逐渐减少。当风速从2.5m/s增大到4.7 m/s时，除湿量增加了0.412g/s，除湿率降低了0.176%。原因在于，风速增大，一方面传质系数增大，强化了传质的传质系数；另一方面湿空气与吸附剂接触时间减少，降低了传质的接触时间，综合两方面的效果传质有所降低，造成转轮除湿机进出口含湿量差值减少，出口含湿量增加，除湿率降低。风速增大，空气流量增加，虽然进出口含湿量差值减小，但总的结果是除湿量增加。

从图4-11可以看出，随着风速 v 的增加，显热量逐渐增加，当风速从

2.5m/s增大到4.7m/s时，显热量增加了3.075kW。原因在于，风速增大，一方面进出口含湿量差值减少，减少了吸附热，减少了进出口温差；另一方面增大了风量，风量的增幅高于进出口温差的降幅，总的结果是显热量增加。

综合以上分析结果，风速增加除湿量增加，但除湿率降低，显热量增加。因此，风速对转轮除湿机性能的影响复杂，在具体应用中，需合理选择风速。

D　再生空气温度

实验工况：在进口空气温度25℃、进口空气湿度10g/kg、进口空气风速2.7m/s的情况下，改变再生空气温度，实验结果如图4-12~图4-14所示。

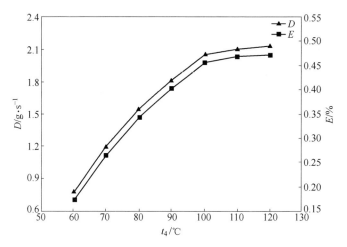

图4-12　再生温度对除湿量和除湿率的影响

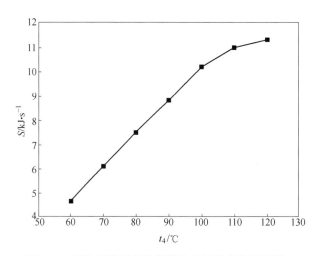

图4-13　再生温度对显热能效比和显热变化量的影响

从图4-12可以看出，随着再生温度的升高，除湿量和除湿率都逐渐增加。

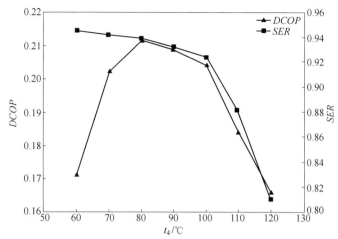

图 4-14 再生温度对除湿能效比的影响

当再生温度由 60℃ 增大到 120℃ 时，除湿量增加了 1.345g/s，除湿率增加了 0.472%。原因在于，随着再生空气温度的升高，脱附效果增强，吸湿剂表面的水蒸气分压力降低，与进口空气间的水蒸气分压力差增加，传质驱动势差增加，从而使传质过程增强，即除湿量和除湿率均增加。

从图 4-13 可以看出，随着再生温度的升高，显热量逐渐增加。当再生温度由 60℃ 增大到 120℃ 时，显热量增加了 6.648kW。造成显热量增加的原因在于，除湿量增加，增加了吸附热，从而显热变化量增加。

从图 4-14 可以看出，随着再生温度的升高，显热能效比逐渐降低，除湿能效比先增加再减小。当再生温度由 60℃ 增大到 120℃ 时，显热能效比降低了 0.135；当再生温度由 60℃ 增大到 80℃ 时，除湿能效比增加了 0.041；当再生温度由 80℃ 增大到 120℃ 时，除湿能效比降低了 0.046。原因在于，随着再生温度的升高，显热变化量增加，再生能耗增加，显热变化量的增幅小于再生过程消耗热量的增幅，所以显热能效比逐渐减小。随着再生温度的升高，除湿量增加，再生能耗增加。当再生温度由 60℃ 增大到 80℃ 时，除湿变化量的增幅大于再生过程消耗热量的增幅，所以除湿能效比逐渐增加；当再生温度由 80℃ 增大到 120℃ 时，除湿变化量的增幅小于再生过程消耗热量的增幅，所以除湿能效比逐渐降低。

综合以上分析结果，除湿量、除湿率和显热量随再生温度的升高而增加，显热能效比随再生温度的升高而降低，除湿能效比随再生温度的升高而先升高再降低。综合各项性能指标，推荐再生温度取 80~90℃ 为宜。

4.2.2.5 预测模型

A 相关分析

分别对出口温度和出口含湿量进行相关分析，出口温度和影响因素的相关分析结果见表4-4。出口含湿量和影响因素的相关分析结果见表4-5。

表4-4　出口温度与各影响因素相关性分析

影响因素	相关系数	P值
进口温度	0.31900	<0.0001
进口相对湿度	0.07295	0.0008
再生温度	0.69731	<0.0001
风速	−0.43444	<0.0001

从表4-4的相关系数的假设检验结果（P值）可以看出，出口温度与4个影响因素都存在显著的相关关系（$P < \alpha = 0.05$），再生温度相关系数最大为0.69731，呈现出近高度相关，表示再生温度对转轮除湿机出口温度的影响最大。进口温度对出口温度有一定的影响，呈现低度正相关；风速对出口温度呈现低度负相关；进口相对湿度对出口温度影响小，呈现低度相关。

表4-5　出口含湿量与各影响因素相关性分析

影响因素	相关系数	P值
进口温度	−0.10134	<0.0001
进口相对湿度	0.41993	<0.0001
再生温度	−0.68877	<0.0001
风速	0.35372	<0.0001

从表4-5的相关系数的假设检验结果（P值）来看，出口含湿量与4个影响因素都存在显著的相关关系（$P < \alpha = 0.05$），再生温度相关系数最大为−0.68877，呈现出近高度相关，表示再生温度对转轮除湿机出口含湿量的影响最大。进口相对湿度和风速对出口含湿量有一定的影响，呈现低度正相关；进口温度对出口含湿量影响小，呈现低度负相关。

B　预测模型

由相关分析可以看出，四个影响因素对转轮除湿机出口温度均有影响。用实验数据对出口温度 t_2 与影响因素建立回归模型，可以得到转轮除湿机出口温度的实验预测模型。

转轮除湿机出口温度的回归模型为：

$$t_2 = 17.6162 + 0.3278t_1 + 0.2553d_1 - 3.0967v + 0.2722t_4 \qquad (4-6)$$

对以上回归模型进行方差分析，可知模型的作用是显著的（F统计量的值为3989.65，$P < 0.0001$）（模型的F检验通过），回归模型的判定系数为模型平方和占总平方和的比例，反映了回归方程能够解释的信息占总信息的比例。经计算，

判定系数为 0.8840，即以上回归方程能够解释转轮除湿机出口温度（t_2）中的 88.40% 的信息，还有 $1-88.40\% = 11.60\%$ 的转轮除湿机出口温度的信息无法解释，这些信息需由其他影响因素和随机因素解释。

由相关分析可以看出，四个影响因素对转轮除湿机出口含湿量均有影响。用实验数据对出口含湿量 d_2 与入口湿度、风速及再生温度建立回归模型，可以得到转轮除湿机出口含湿量的实验预测模型。

转轮除湿机出口温度的回归模型为：

$$d_2 = 1.8246 + 0.7357d_1 + 0.7216v - 0.0560t_4 \tag{4-7}$$

对以上回归模型进行方差分析，可知模型的作用是显著的（F 统计量的值为 4131.99，$P<0.0001$）（模型的 F 检验通过）。经计算，判定系数为 0.8875，即以上回归方程能够解释转轮除湿机出口含湿量（d_2）中的 88.75% 的信息。

4.2.3 单转轮深井吸附降温系统实验研究

4.2.3.1 实验系统

为了研究深井吸附降温系统对矿井高温高湿空气的降温除湿性能，因而搭建了实验系统，实验装置的实物图如图 4-15 所示。

图 4-15 深井吸附降温实验装置实物图

实验台包括风冷热泵冷热水机组、板式换热器、组合式空调机组、风系统、水系统、自动控制及测试系统。

风冷热泵冷热水机组和板式换热器为系统提供冷热源，通过板式换热器可调节系统水温，提供不同温度的水温。组合式空调机组由空冷器、转轮除湿机和风机等组成，该部分是深井吸附降温系统的核心。风系统由风管、风口和风阀等组成，实现空气的输送和分配。空调水系统由水管及配件、阀件、水泵、蓄水箱等组成，为组合式空调机组提供水源，通过控制电动阀等可调节水流量及水温。自动控制及测试系统可对空调系统进行参数控制及显示，可对冷热源及水泵的进出口水温、水流量、压力等参数，组合式空调机组内的空冷器和转轮除湿机等的温度、湿度、风速及压力等参数进行测试及数据采集。

4.2.3.2　实验设计

采用上述实验装置，研究在高温高湿矿井工况条件下主要运行参数对深井吸附降温系统的影响。影响系统降温除湿性能的主要运行参数为矿井空气进口干球温度、矿井空气进口含湿量、风量、再生温度及表冷器供水温度。实验时改变其中一个参数值，保持其他参数不变。做 5 组对比实验，每组 7 次，共 35 次实验。处理空气进口温度 t_1 范围为 32~39℃；处理空气湿度 d_1 范围为 18~29 g/kg（对应的相对湿度为 61%~97%）；处理空气流量 G 范围是 0.38~0.53m³/s；再生风温度 t_z 范围为 70~106℃。表冷器供水温度 t_w 范围为 7~19℃。

4.2.3.3　性能指标

（1）系统除湿量：

$$MRC = G\rho(d_1 - d_4) \tag{4-8}$$

式中　MRC——系统除湿量，g/s，反映了系统除湿能力的大小；

　　　G——处理空气体积流量，m³/s；

　　　ρ——空气密度，kg/m³；

　　　d_1——处理空气进口含湿量，g/kg；

　　　d_4——处理空气出口含湿量，g/kg。

（2）系统除湿率：

$$\eta_D = (d_1 - d_4) / d_1 \tag{4-9}$$

式中　η_D——系统除湿率,%，反映了系统除湿能力的相对大小，当处理空气进口含湿量一定或者变化时，系统除湿率 η_D 都能很好地表示系统除湿能力；

　　　d_1——处理空气进口含湿量，g/kg；

　　　d_4——处理空气出口含湿量，g/kg。

（3）系统制冷量：

$$Q = G\rho(h_1 - h_4) \tag{4-10}$$

式中　Q——系统制冷量，W，反映了系统制冷能力的大小；

　　　G——处理空气体积流量，m³/s；

　　　ρ——空气密度，kg/m³；

　　　h_1——处理空气进口比焓，kJ/kg；

　　　h_4——处理空气出口比焓，kJ/kg。

（4）系统全热效率：

$$\eta_H = (h_1 - h_4) / h_4 \qquad (4\text{-}11)$$

式中　η_H——系统全热效率，%，反映了系统降温除湿的综合效果；全热效率 η_H
　　　　越大，则系统降温除湿的综合能力就越强；

　　　h_1——处理空气进口比焓，kJ/kg；

　　　h_4——处理空气出口比焓，kJ/kg。

（5）系统热力系数 $TCOP$。系统热力系数 $TCOP$ 定义为系统冷负荷 Q 与再生
热耗 Q_r 的比值。

$$TCOP = Q / Q_r \qquad (4\text{-}12)$$

再生热耗 Q_r 的计算式为

$$Q_r = c\, G_r (t_{r6} - t_{r5}) \qquad (4\text{-}13)$$

式中　G_r——再生空气的质量流量，kg/s；

　　　t_{r6}，t_{r5}——分别为辅助电加热器处理空气初、终状态干球温度，℃。

4.2.3.4　实验结果及分析

A　进口温度对系统性能的影响

运行工况设定为：处理空气进口湿度为 29g/kg，进口流量为 0.38kg/s，再生
风温度为 80℃，表冷器供水温度为 7℃。改变系统进口温度，实验结果如
图 4-16 和图 4-17 所示。

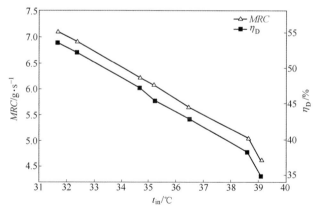

图 4-16　处理空气进口温度 t_{in} 对系统除湿量 MRC 和除湿效率 η_D 的影响

从图 4-16 可以看出，随着处理空气温度 t_{in} 的增加，系统除湿量 MRC 由
7.11g/s 减少到 4.6g/s，减幅为 35.3%；系统除湿率 η_D 由 53.5% 降低到 34.8%，
降幅为 35.0%。系统除湿量 MRC 和除湿率 η_D 变化趋势一致。系统除湿量 MRC
和除湿率 η_D 减少的主要原因在于进口温度的升高会降低转轮除湿机的除湿能力。

从图 4-17 可见，随着处理空气温度的增加，系统制冷量 Q 由 21.65kW 减少

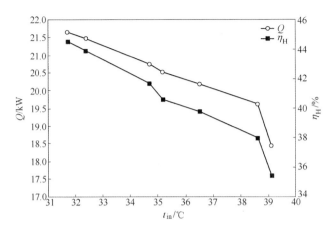

图 4-17 处理空气进口温度 t_{in} 对系统制冷量 Q 和全热效率 η_H 的影响

到 18.45kW，减幅为 14.8%；系统全热效率 η_H 由 44.5% 降低到 35.4%，降幅为 20.4%。系统制冷量 Q 降幅略比全热效率 η_H 的要小些，但两者降幅较系统除湿量 MRC 和除湿率 η_D 的都要小，两者变化不大。系统制冷量 Q 和全热效率 η_H 降低的主要原因在于，转轮除湿机的除湿能力随着进口温度 t_{in} 的升高而降低，进而使处理空气潜热负荷减少，综合效果使处理空气冷负荷降低了。

综上所述，随着处理空气温度的升高，深井吸附降温系统除湿效果会减弱，但对系统的降温除湿综合的制冷量 Q 影响不大。实验结果表明深井吸附降温系统可达到一般深井降温的要求。

B 进口湿度对系统性能的影响

运行工况设定为：处理空气进口温度为 31.6℃，进口流量为 1357.7m³/h，再生风温度为 80℃，表冷器供水温度为 7.1℃。改变系统进口湿度，实验结果如图 4-18 和图 4-19 所示。

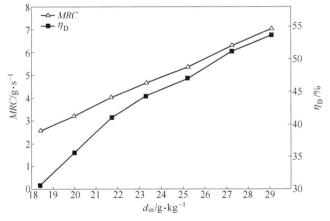

图 4-18 处理空气进口湿度 d_{in} 对系统除湿量 MRC 和除湿率 η_D 的影响

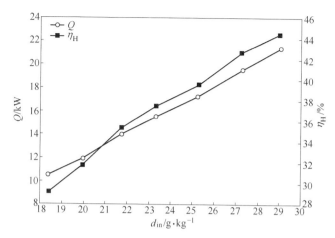

图 4-19 处理空气进口湿度 d_{in} 对系统制冷量 Q 和全热效率 η_H 的影响

从图 4-18 可以看出，随着处理空气进口湿度 d_{in} 的增加，系统除湿量 MRC 由 2.55g/s 迅速增加到 7.04g/s，增幅为 176.1%；系统除湿率 η_D 由 30.6% 升高到 53.5%，涨幅为 74.8%。系统除湿量 MRC 和除湿率 η_D 变化明显的主要原因在于，空气湿度的增加，增大了表冷器和转轮除湿机的传湿推动力（含湿量的差值），从而增加了系统的除湿量 MRC 和除湿率 η_D。

从图 4-19 可以看出，随着处理空气进口湿度 d_{in} 的增加，系统制冷量 Q 由 10.54kW 快速增加到 21.45kW，增幅为 103.5%；系统全热效率 η_H 由 29.3% 升高到 44.5%，涨幅为 51.9%。可见，系统制冷量 Q 和全热效率 η_H 均有显著的变化，其主要原因在于，系统除湿量 MRC 和除湿率 η_D 增加了，即潜热负荷增加了，但系统显热负荷基本不变，因此系统的全热效率 η_H 增加了。

综上，深井吸附降温系统的性能随着处理空气进口湿度 d_{in} 的增加而得到较大的提升，这表明深井吸附降温系统在矿井高湿的环境下应用具有明显的优势。

C 进口流量对系统性能的影响

运行工况设定为：处理空气进口温度为 31.6℃，进口湿度为 29g/kg，再生风温度为 80℃，表冷器供水温度为 7℃。改变系统进口流量，实验结果如图 4-20 和图 4-21 所示。

从图 4-20 和图 4-21 可以看出，随着处理空气流量 G 的增加，系统除湿量 MRC 由 7.28g/s 增加到 8.12g/s，增幅为 11.5%；系统除湿率 η_D 由 54.3% 减少到 44.1%，减幅为 18.8%；系统制冷量 Q 由 21.84kW 升高到 25.28kW，涨幅为 15.8%；系统全热效率 η_H 由 44.7% 降低到 37.5%，降幅为 16.1%。因此，在满足系统制冷量 Q 和除湿量 MRC 的要求的前提下，可降低系统的处理空气流量 G，增加空气与表冷器和转轮除湿机除湿转轮内干燥剂的接触时间。

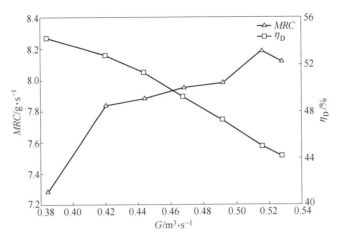

图 4-20　处理空气流量 G 对系统除湿量 MRC 和除湿率 η_D 的影响

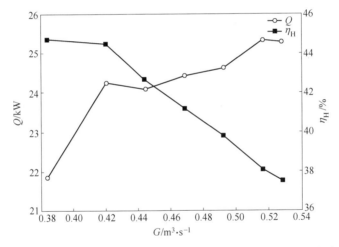

图 4-21　处理空气流量 G 对系统制冷量 Q 和全热效率 η_H 的影响

D　再生温度对系统性能的影响

运行工况设定为：处理空气进口温度为 31.7℃，进口湿度为 29.02g/kg，进口流量为 1376.2m³/h，表冷器供水温度为 7℃。改变再生温度，实验结果如图 4-22~图 4-24 所示。

从图 4-22 和图 4-23 可以看出，随着再生温度 t_r 的增加，系统除湿量 MRC 由 6.45g/s 增加到 8.50g/s，增幅为 31.8%；系统除湿率 η_D 由 49.1% 升高到 63.9%，涨幅为 30.1%；系统制冷量 Q 由 21.23kW 增加到 23.24kW，增幅为 9.5%；系统全热效率 η_H 由 42.9% 升高到 47.6%，涨幅为 11.0%。

从图 4-24 可以看出，随着再生温度 t_r 的增加，系统热力系数 $TCOP$ 由 0.79

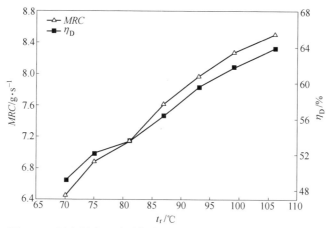

图 4-22　再生温度 t_r 对系统除湿量 MRC 和除湿效率 η_D 的影响

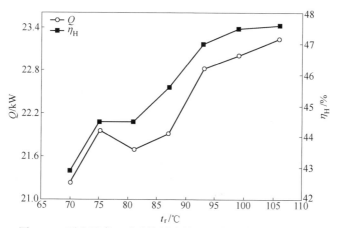

图 4-23　再生温度 t_r 对系统制冷量 Q 和全热效率 η_H 的影响

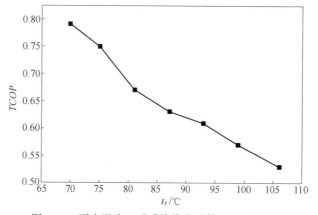

图 4-24　再生温度 t_r 对系统热力系数 $TCOP$ 的影响

降低到 0.53，降幅为 32.9%。在再生温度 t_z 为 70~80℃时，处理空气进出口最大温差为 9℃，进出口含湿量差为 14.1~15.6g/kg。

随着再生温度 t_r 的增加，系统除湿率 η_D 增加较快，而全热效率 η_H 的变化相对比较稳定，这表明，随着再生温度 t_r 的升高，除湿转轮再生侧的解吸能力得到增强，因此系统除湿量 MRC 快速上升；与此同时，系统所需要的再生热量大幅度增加，使除湿转轮内热质交换的程度加剧，从而使再生热量增幅大于辅助制冷机组承担的冷负荷增幅，最终导致热力 TCOP 随再生温度 t_r 的升高而下降。

综上，在满足矿井高温高湿场合要求的前提下，综合考虑系统的热力 TCOP，可合理降低再生温度。在深井吸附降温系统中，再生温度的提高会增大系统进出口的焓差，但增幅不大。再生能耗往往较大，以较大的再生能耗为代价，换取并不大的空气的进出口焓差是不经济的。深井吸附降温系统完全不需要较高的再生温度，再生温度 t_r 取 70~80℃即可。

E　供水温度对系统性能的影响

改变供水温度，实验结果如图 4-25 和图 4-26 所示。

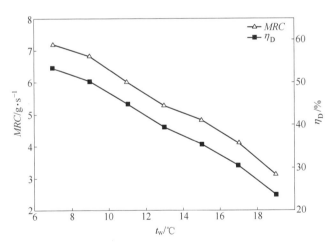

图 4-25　供水温度 t_w 对系统除湿量 MRC 和除湿率 η_D 的影响

从图 4-25 和图 4-26 可以看出，随着供水温度 t_w 的增加，系统除湿量 MRC 由 7.17g/s 减少到 3.12g/s，降幅为 56.5%；系统除湿率 η_D 由 53.5% 降低到 23.5%，减幅为 56.1%；系统制冷量 Q 由 21.93kW 减少到 8.52kW，减幅为 6.1%；系统全热效率 η_H 由 44.5% 降低到 16.7%，降幅为 62.5%。系统除湿量和除湿率降低的原因是水温越高，表冷器中空气与水的传湿推动力越小，冷却能力越低。系统制冷量和全热效率降低的原因是水温越高，表面式冷却器中空气与水传热温差越小，预冷表冷器的除湿能力越低。此外，水温升高，导致预冷表冷器之后的空气

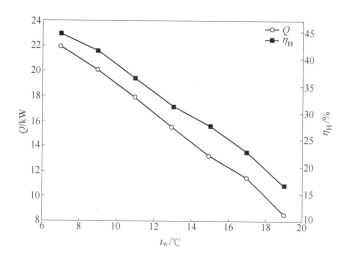

图 4-26　供水温度 t_w 对系统制冷量 Q 和全热效率 η_H 的影响

温度升高, 降低了转轮除湿机的除湿效率。

由以上分析可知, 供水水温直接影响了系统的降温除湿能力。水温的确定与降温系统的冷负荷和湿负荷有关, 负荷较大的情况下, 可采取增加表面式冷却器的排数和冷水的供水量的方式, 增加供水温度, 从而尽可能使用天然冷源, 天然冷源不允许的情况下可考虑采用高温冷水机组、冷却塔供冷以及蒸发冷却器等方式获得冷水。

4.2.4　小结

（1）针对高温高湿深井处理空气, 本节提出采用单转轮吸附降温系统, 这种降温系统主要由二级表冷器和转轮除湿机组成; 同时搭建了降温系统的实验平台。

（2）研究了在高温高湿工况条件下, 主要运行参数对吸附降温系统主要部件转轮除湿机除湿性能的影响。

（3）研究了在高温高湿工况条件下, 主要运行参数对单转轮吸附降温系统降温除湿及能耗性能的影响。随着处理空气温度的升高, 系统除湿性能会减弱, 降温效果会加强, 但对系统的降温除湿综合的全热效果影响不大。随着处理空气湿度的升高, 系统除湿性能会增强, 增强的主要原因在于表冷器的除湿能力加大, 而对转轮除湿机除湿能力影响不大。随着处理空气流量（流速）的升高, 系统除湿性能会降低, 但降低幅度不大。随着再生温度的升高, 系统除湿性能会增强, 冷却效果会减弱, 总的全热效果会增强。在深井高温高湿条件下, 再生温度可取 $70\sim80℃$。

4.3　双转轮深井吸附降温系统

4.3.1　双转轮深井吸附降温系统的提出

单转轮单冷却吸附降温系统如图 4-27 所示，空气处理过程焓湿图如图 4-28 所示。空气处理侧为：环境空气 1（高温高湿风流）经除湿转轮除湿区升温减湿（近似等焓）到状态点 2，由于吸附热的产生，使状态点 2 的温度较高，后经空气冷却器干工况冷却到满足送风要求的状态点 3；空气再生侧为：环境空气 4（高温高湿风流）经空气加热器加热到满足除湿要求的再生空气 5，送入除湿转轮的再生区，使再生区的干燥剂脱附水分，恢复除湿能力，近似等焓增湿到状态点 6。经再生空气干燥后的干燥剂随除湿转轮缓慢转动，进入除湿区，对较湿的处理空气进行吸附，之后由于干燥剂水分增多，除湿能力下降，趋于饱和，接着再次进入再生区，如此周而复始，使除湿过程得以保持。

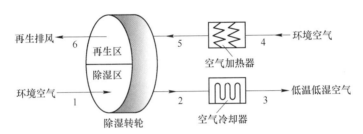

图 4-27　单转轮单冷却吸附降温系统

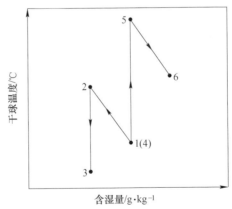

图 4-28　单转轮单冷却吸附降温系统处理焓湿图

从焓湿图 4-28 可见：（1）单转轮单冷却吸附降温系统再生温度高，除湿温升大。这是导致系统热质传递势差增大的主要因素，从而造成系统内部不可逆㶲损失增大。（2）再生排风温度高。如不对再生排风进行热回收，将进一步导致系统外部㶲损失增多。（3）由于系统再生温度高，使许多低品位热能利用不便，因此再生加热器常采用电阻式加热器，这就使高品位电能浪费，从用能角度看，电能直接转换为热能是极不合理的。

针对单转轮单冷却吸附降温系统㶲损失大、再生温度高等缺点，在单转轮单冷却吸附降温系统的基础上，进行了如下节能改进：（1）增加预冷措施。处理空气采用先预冷后除湿的方式，能有效提高除湿转轮的除湿能力。由于除湿过程近似等焓过程，因此在除湿量相同的条件下，预冷能降低系统的再生温度，降低再生能耗，而制冷能耗几乎不变。（2）降低再生空气的含湿量。再生空气的含湿量变小，可以增大与干燥剂表面水蒸气的分压力差，使脱附效率更高。（3）吸附热回收。除湿温升的主要原因是吸附热的产生，因此可设置显热换热器，使除湿温升后的处理空气对温度较低的再生空气进行预热，同时降低系统的再生加热量及处理空气冷却量。

根据以上的节能措施，提出双转轮深井吸附降温系统，系统原理及空气处理过程分别如图 4-29 和图 4-30 所示。空气处理侧为：处理空气 1 先经空气预冷器干工况预冷降温到近饱和状态点 7，经除湿转轮 A 等焓减湿到状态点 8，后经显热换热器与温度较低的环境空气 4′进行换热，降温到状态点 9，再经空气再冷器进一步等湿冷却到要求的低温低湿状态点 3。

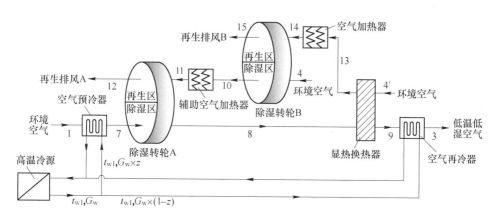

图 4-29　双转轮深井吸附降温系统原理

t_{w1}—冷源供水温度，℃；G_w—冷源供水总流量，kg/s；z—预冷流量占总供水量的比例

再生空气侧为：高湿的环境空气 4 先经除湿转轮 B 升温减湿到状态点 10，再经辅助空气加热器加热到满足除湿要求的再生温度 11，后经除湿转轮 A 再生区，增湿降温到排风状态点 12。紧接着，环境空气 4′经显热换热器预热后变成状态点 13，后经空气加热器加热到再生温度 14，经除湿转轮 B 的再生区，变成

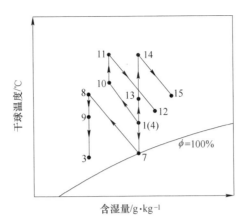

图 4-30　双转轮深井吸附降温系统空气处理焓湿图

高湿的再生排风 15。

　　由上述双转轮深井吸附降温系统的热力学分析可知，系统可实现低温低湿空气的输出，能满足工作面降温要求。

4.3.2　㶲分析

4.3.2.1　㶲数学模型

A　状态点求解

　　求解空气状态点是吸附降温系统㶲分析的前提，未知空气状态点的计算包括除湿转轮和显热换热器进出口的空气状态点求解。

a　除湿转轮状态点的计算

　　除湿转轮进出口空气状态点的计算采用 Beccali 于 2003 年提出的 54 模型进行求解。硅胶型除湿转轮 54 模型的公式如下所示：

$$\Phi_b = 0.9428\Phi_c + 0.0572\Phi_a \tag{4-14}$$

$$h_b = 0.1312\,h_c + 0.8688\,h_a \tag{4-15}$$

$$\frac{\Phi_b\,e^{0.053t_b} - 1.7976}{18671} = \frac{h_b - 1.006\,t_b}{2501 - 1.805\,t_b} \tag{4-16}$$

$$d_b = \frac{e^{0.053t_b}(0.9428\,\Phi_c) + 0.0572\,\Phi_a - 1.7976}{18.671} \tag{4-17}$$

式中　Φ_a，Φ_b——分别为除湿转轮处理空气初、终状态相对湿度，%；

　　　　Φ_c——除湿转轮再生空气进口相对湿度，%；

　　　　h_a，h_b——分别为除湿转轮处理空气初、终状态焓值，kJ/kg；

　　　　h_c——除湿转轮再生空气进口焓值，kJ/kg；

t_b——除湿转轮处理空气终状态干球温度,℃;

d_b——除湿转轮处理空气终状态含湿量,g/kg。

根据除湿转轮能量与质量守恒,由已知状态点可求解除湿转轮出口再生空气状态点,计算公式如下:

$$h_d = h_c - \frac{m_p}{m_r}(h_b - h_a) \tag{4-18}$$

$$d_d = d_c + \frac{m_p}{m_r}(d_a - d_b) \tag{4-19}$$

式中　h_d——除湿转轮出口再生空气的比焓,kJ/kg;

d_a——除湿转轮进口处理空气的含湿量,g/kg;

d_c——除湿转轮进口再生空气的含湿量,g/kg;

d_d——除湿转轮出口再生空气的含湿量,g/kg;

m_p, m_r——分别为处理空气和再生空气的质量流量,kg/s。

b　显热换热器状态点的计算

根据能量守恒,较热侧空气通过显热换热器时,失去的显热量等于较冷侧空气得到的显热量。由热交换方程[20,21],其出口状态点计算如下:

$$t_b = t_a - \eta \min(m_p c_p, \ m_r c_r)(t_a - t_c)/(m_p c_p) \tag{4-20}$$

$$t_d = t_c + \eta \min(m_r c_r, \ m_p c_p)(t_a - t_c)/(m_r c_r) \tag{4-21}$$

式中　t_a, t_b——分别为换热器进口和出口的处理空气温度,℃;

t_c, t_d——分别为换热器进口和出口的再生空气温度,℃;

c_p, c_r——分别为处理空气和再生空气的比热容,kJ/(kg·K);

η——换热器的换热效率。

B　湿空气㶲

降温系统中,湿空气的㶲通常以环境空气下的饱和状态点作为㶲的参考零点,湿空气与环境存在温差所具有的做功能力叫做热能㶲,同理,湿空气的㶲还包括由压力差引起的机械能传递的机械㶲,由含湿量差使空气组分发生变化的化学㶲。湿空气㶲计算式如下:

$$e = (c_{p,\,a} + dc_{p,\,v})\,T_0\left(\frac{T}{T_0} - 1 - \ln\frac{T}{T_0}\right) + (1 + 1.608d)\,R_a\,T_0\ln\frac{P}{P_0} +$$

$$R_a\,T_0\left[(1 + 1.608d)\ln\frac{1 + 1.608d_0}{1 + 1.608d} + 1.608d\ln\frac{d}{d_0}\right] \tag{4-22}$$

式中,等号右边第一项为热能㶲,第二项为机械㶲,第三项为化学㶲;e 为湿空气比㶲,kJ/kg;T_0 为环境空气温度,K;d_0 为环境空气含湿量,g/kg;R_a 为干空气的气体常数,kJ/(kg·K);$c_{p,\,a}$ 为干空气定压比热容,kJ/(kg·K);$c_{p,\,v}$ 为水蒸气定压比热容,kJ/(kg·K);P、T、d 分别为所求湿空气的压力(Pa)、温度

（K）和含湿量（g/kg）。

 C 热量㶲

空气加热器为了输出温度为 T_r 的高温空气，需要从环境冷源 T_0 中获取所需的热量 Q_r 以维持热源温度 T_r 不变。假设利用卡诺制热机来实现该过程，则外界所需的最小功即为热量㶲，其表达式如下：

$$E_{Qr} = Q_r \left(1 - \frac{T_0}{T_r} \right) \tag{4-23}$$

$$Q_r = m_r c_r (T_r - T_{in}) \tag{4-24}$$

式中 E_{Qr}——热量㶲，kW；

   Q_r——再生空气加热量，kW；

   T_r——再生温度，K；

   m_r——再生空气质量流量，kg/s；

   c_r——再生空气的比热容，kJ/（kg·K）；

   T_{in}——空气加热器进口温度，K。

 D 冷量㶲

同理，空气冷却器为了输出温度为 T_c 的冷却空气，需要从冷源 T_c 转移多余的冷量 Q_c 到热源环境 T_0 中，以维持冷源温度 T_c 不变。假设利用卡诺制冷机来实现，则外界所需的最小功即为冷量㶲，其表达式如下：

$$E_{Qc} = Q_c \left(\frac{T_0}{T_c} - 1 \right) \tag{4-25}$$

$$Q_c = m_p (h_c - h_{in}) \tag{4-26}$$

式中 E_{Qc}——冷量㶲，kW；

   T_c——空气冷却器出口温度，K；

   Q_c——空气冷却器的制冷量，kW；

   m_p——处理空气质量流量，kg/s；

   h_c——空气冷却器出口处理空气比焓，kJ/kg；

   h_{in}——空气冷却器进口处理空气比焓，kJ/kg。

 E 单转轮单冷却吸附降温系统㶲方程

单转轮单冷却吸附降温系统㶲平衡模型如图 4-31 所示。

图中，E_1 和 E_4 分别是处理空气进口和再生空气进口㶲值，kW；E_3 和 E_6 分别是低温低湿送风和再生排风㶲值，kW；E_{Qr} 是加热再生空气所消耗的热量㶲，kW；E_0 是环境与系统由于温差所引起的热量㶲，kW；E_{Qc} 是空气冷却器对处理空气进行降温所需的冷量㶲，kW。其中，属于支付㶲的是 E_{Qr} 和 E_{Qc}，属于收益㶲的是 E_3。再生排风 E_6 由于不加以利用回收，故属于系统外部的㶲损失。因

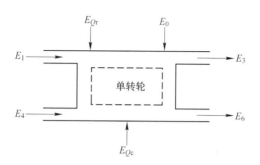

图 4-31 单转轮单冷却吸附降温系统的稳态稳流㶲平衡模型

此，㶲平衡方程可由下式表示：

$$L_{in} + E_6 = (E_1 + E_4 + E_{Qr} + E_{Qc} + E_0) - E_3 \tag{4-27}$$

式中，等号左边为系统㶲损失，其中 L_{in} 为系统内部不可逆过程㶲损失，kW；等号右边第一项为系统的输入㶲，第二项为系统的有效输出㶲。从系统的目的来看，系统的㶲效率可表示为收益㶲与支付㶲的比值，因此系统㶲效率 η_1（%）为：

$$\eta_I = \frac{E_3}{E_{Qr} + E_{Qc}} \times 100 \tag{4-28}$$

F 双转轮吸附降温系统㶲方程

图 4-32 所示为双转轮吸附降温系统㶲平衡模型图。

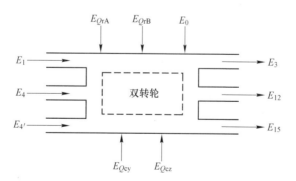

图 4-32 双转轮吸附降温系统稳态稳流㶲平衡模型图

同理，系统㶲平衡方程可由式（4-29）表示：

$$L_{in} + E_{12} + E_{15} = (E_1 + E_4 + E_{4'} + E_{QrA} + E_{QrB} + E_{Qcy} + E_{Qcz} + E_0) - E_3$$

$$\tag{4-29}$$

式中，等号左边为系统㶲损失，其中 L_{in} 为系统内部不可逆过程㶲损失，kW；E_{12} 和 E_{15} 分别为除湿转轮 A 与 B 的再生排风㶲损失，kW；等号右边第一项为系统的输入㶲，其中属于支付㶲的是热量㶲 E_{QrB} 和 E_{QrA} ，以及冷量㶲 E_{Qcy} 和 E_{Qcz} ，kW；等号右边第二项则为系统的有效收益㶲 E_3 ，kW。因此，系统的㶲效率 $\eta_{\text{II}}(\%)$ 为：

$$\eta_{\text{II}} = \frac{E_3}{E_{QrA} + E_{QrB} + E_{Qcy} + E_{Qcz}} \times 100 \qquad (4\text{-}30)$$

4.3.2.2　㶲计算

A　计算参数

为了分析比较双转轮吸附降温系统与单转轮单冷却吸附降温系统的节能程度（节㶲程度），现对环境空气（干球温度为 35.1℃ ，室外湿球温度为 25.8℃ ）进行计算。系统的送风参数为：送风干球温度为 21.0℃ ，送风湿球温度为 15.3℃ ，送风量为 1kg/s （ 3000m³/h ）。除湿转轮选用硅胶型，处理风量与再生风量比为 1:1 ，显热换热器的换热效率取 0.8 。下面分析双转轮吸附降温系统与单转轮单冷却吸附降温系统的再生温度、再生加热量、冷却量、热量㶲、冷量㶲、系统㶲损失和系统㶲效率。

B　状态点求解结果

通过空气处理过程焓湿图及状态点数学求解模型，可得状态点求解结果，见表 4-6。

表 4-6　处理过程状态点参数

状态点	干球温度/℃	相对湿度/%	焓湿量/g·kg⁻¹	比焓/kJ·kg⁻¹	比㶲/kJ·kg⁻¹
0（参考）	35.1	100	36.8	129.8	0
1	35.1	48.0	17.1	79.4	0.89
2	65.3	5.4	8.5	88.2	—
3	21.0	55.0	8.5	42.8	2.50
4（4'）	35.1	48.0	17.1	79.4	0.89
5	100.0	2.8	17.1	145.9	—
6	68.7	13.7	25.8	137.2	2.05
7	22.4	100.0	17.1	66.1	—
8	47.4	12.7	8.5	70.0	—
9	37.6	21.1	8.5	59.8	—
10	52.9	13.0	11.6	83.5	—
11	65.0	7.4	11.6	96.1	—
12	39.7	43.9	20.2	92.1	0.64

状态点	干球温度/℃	相对湿度/%	焓湿量/g·kg⁻¹	比焓/kJ·kg⁻¹	比㶲/kJ·kg⁻¹
13	44.9	28.4	17.1	89.5	—
14	65.0	10.8	17.1	110.5	—
15	47.2	33.3	22.7	106.4	0.67

C 㶲分析

将表 4-6 中空气处理过程各状态点相应数值代入上述对应的㶲模型，可得如表 4-7 所示的计算结果。其中，系统与环境温差传热所造成的热量㶲 E_0 忽略不计。

表 4-7 吸附降温系统㶲能耗

项 目	再生温度/℃	再生加热量/kW	冷却量/kW	热量㶲/kW	冷量㶲/kW	㶲损失/kW	㶲效率/%
单转轮单冷却吸附降温系统	100	66.5	45.3	43.2	30.4	72.9	3.4
双转轮吸附降温系统	65	33.5	30.3	15.4	19.0	34.5	7.3

从表 4-7 可见，处理空气先预冷和降低再生空气含湿量的措施使双转轮吸附降温系统的再生温度比单转轮单冷却吸附降温系统低 35℃，低至 65℃再生。再生温度的降低和吸附热回收共同使双转轮系统的再生加热量和冷却量分别降低了 49.6% 和 33.1%，系统降温除湿所需支付的热量㶲及冷量㶲分别减少了 64.4% 和 37.5%，说明了双转轮吸附降温系统不仅加热量及冷却量降低了，而且加热耗㶲及冷却耗㶲也降低了。

从表 4-7 可知，相比单转轮单冷却吸附降温系统，双转轮吸附降温系统的㶲损失减小了 52.7%，㶲效率为 7.3%，㶲效率提高了 114.7%，系统再生排风㶲损失较小，仅为 1.3kW。从数据可知，双转轮吸附降温系统内部不可逆㶲损失小，系统㶲效率显著提高。

造成上述结果的主要原因是：（1）处理空气先预冷后除湿，可以降低除湿转轮干燥剂温度，使干燥剂表面水蒸气分压力降低，进而增大处理空气与干燥剂表面空气的水蒸气分压力差，使湿传递的驱动力增强，从而在相同除湿量下，系统的再生温度降低，再生能耗减少。又由于除湿转轮除湿过程近似等焓，即使系统在没有热回收装置的情况下，制冷量也不会增加，制冷量近似不变。（2）降低再生空气含湿量，亦可以增大再生空气与干燥剂表面水蒸气分压力差，从而使脱附过程更快、效率更高。因此，相同除湿量下，系统的再生温度降低。（3）设置热回收装置，使除湿过程产生的吸附热转移到再生空气侧，同时降低了系统的再生加热量和处理空气冷却量。

4.3.3 数值模拟研究

4.3.3.1 系统的主要影响因素

双转轮除湿吸附降温系统原理如图 4-29 所示，影响系统降温除湿性能的主要因素有处理空气进口温度 $t_1(\text{℃})$，进口含湿量 $d_1(\text{g/kg})$ 和进口流量 $G_a(\text{kg/s})$；冷源供水温度 $t_{w1}(\text{℃})$，供水总流量 $G_w(\text{kg/s})$，和预冷流量占总供水量的比例 z；辅助空气加热器的出口再生温度 $t_{11}(\text{℃})$ 和空气加热器出口再生温度 $t_{14}(\text{℃})$。

4.3.3.2 系统性能计算模型

计算选择 JW20-4 型 6 排空气冷却器。空气冷却器的热力计算采用效能-传热单元数法 （ε-NTU），ε-NTU 法用下面四个方程式来表示。

$$C_r = \frac{\xi Gc}{Wc_w} \tag{4-31}$$

$$NTU = \frac{KA}{\xi Gc} \tag{4-32}$$

$$\varepsilon = \frac{t_2 - t_1}{t_{w1} - t_1} = \frac{1 - \exp[-NTU(1 - C_r)]}{1 - C_r\exp[-NTU(1 - C_r)]} \tag{4-33}$$

$$G(i_1 - i_2) = Wc_w(t_{w2} - t_{w1}) \tag{4-34}$$

$$\xi = \frac{i_1 - i_2}{c(t_1 - t_2)} \tag{4-35}$$

式中 C_r——热容比；

     ξ——析湿系数；

i_1，i_2——分别为处理空气初、终状态焓值，kJ/kg；

     c——空气比热容，kJ/(kg·℃)；

t_1，t_2——分别为处理空气初、终状态干球温度，℃；

t_{w1}，t_{w2}——分别为水的初、终温度，℃；

     G——处理空气的流量，kg/s；

     W——水的流量，kg/s；

     c_w——水的比热容，kJ/(kg·℃)；

   NTU——传热单元数；

     K——冷却器的传热系数，W/(m²·℃)；

     A——每排冷却器的散热面积，m²；

     ε——效能。

4.3.3.3 系统计算流程图

图 4-33 所示为双转轮吸附降温系统的计算流程图。根据上文给出的系统各

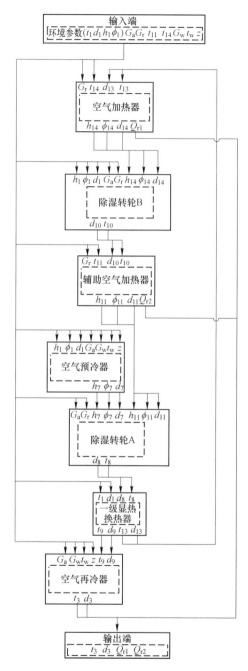

图 4-33 系统计算流程

t—干球温度,℃；d—含湿量,g/kg；h—比焓,kJ/kg；ϕ—相对湿度,%；
G_a—处理空气流量,kg/s；G_r—再生空气流量,kg/s；G_w—供水流量,kg/s；
t_w—供水温度,℃；z—预冷流量占比；Q_r—再生空气加热量,kJ

组件数学计算模型，由前一组件的出口参数是后一组件的入口参数的计算顺序，利用 MATLAB 软件可以将各组件的计算模型串联起来，并编程求解。编程好的 MATLAB 计算程序，通过确定输入端的参数（环境参数、系统内部运行参数），便可求解出系统的性能参数（除湿量、制冷量和热力性能系数）。

4.3.3.4　结果及分析

A　处理空气进口温度的影响

系统运行工况为：处理空气进口含湿量 d_1（环境含湿量）为 17.1g/kg，处理空气流量 G_a 为 4kg/s；再生空气流量 G_r 为 4kg/s，再生温度 t_{11} 及 t_{14} 均为 70℃；供水温度 t_{w1} 为 18℃，供水总流量 G_w 为 4kg/s，预冷流量占总供水量的比例 z 为 0.4；处理空气进口干球温度 t_1（环境温度）从 28℃ 变化到 40℃。

从图 4-34 和图 4-35 中可以看出，系统出口送风温度 t_3 及制冷量 Q_c 均随着处理空气进口温度 t_1（环境干球温度）的增大而升高（近似线性变化），增幅分别为 12.5% 和 25.2%；而系统出口含湿量 d_3 及除湿量 MRC 则变化不大，最大变化仅为 2.9%。其主要原因是：处理空气进口温度 t_1 的升高增大了处理空气与系统间的热量传递势差，进而导致处理空气与系统的显热换热量增多，因此系统制冷量 Q_c 会明显上升；由于系统除湿能力的大小主要取决于处理空气与系统除湿材料表面间的水蒸气分压力差，因此处理空气进口温度 t_1 的升高并没有改变他们之间的质传递驱动力（水蒸气分压力差），进而系统除湿量 MRC 及出口含湿量 d_3 变化较为平缓。

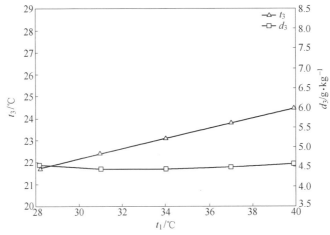

图 4-34　处理空气进口温度 t_1 对系统出口温度及含湿量的影响

从图 4-36 中可以看出，随着处理空气进口干球温度 t_1 的升高，系统热力性

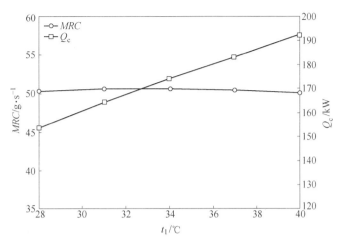

图 4-35 处理空气进口温度 t_1 对系统除湿量及制冷量的影响

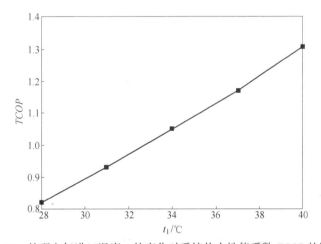

图 4-36 处理空气进口温度 t_1 的变化对系统热力性能系数 $TCOP$ 的影响

能系数 $TCOP$ 亦迅速升高，增幅为 59.8%，系统在高温环境下具有更好的能效。

B 处理空气进口含湿量的影响

系统运行工况为：处理空气进口干球温度 t_1（环境温度）为 35.1℃，处理空气流量 G_a 为 4kg/s；再生空气流量 G_r 为 4kg/s，再生温度 t_{11} 及 t_{14} 均为 70℃；供水温度 t_{w1} 为 18℃，供水总流量 G_w 为 4kg/s，预冷流量占总供水量的比例 z 为 0.4；处理空气进口含湿量 d_1（环境含湿量）从 17.1g/kg 变化到 30.6g/kg（对应的相对湿度变化为 48.0%~84.0%）。

从图 4-37 中可以看出，随着处理空气进口含湿量 d_1（环境含湿量）的升高，系统出口送风含湿量 d_3 迅速升高，涨幅为 67.0%；而系统出口送风温度 t_3 变化较为平缓（呈下降趋势），减幅仅为 0.3%。

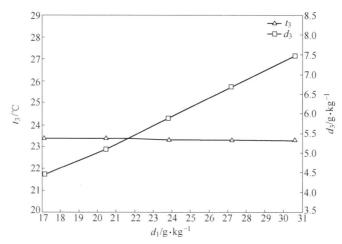

图 4-37　处理空气进口含湿量 d_1 对系统出口温度 t_3 及含湿量 d_3 的影响

从图 4-38 中可以看出，随着处理空气进口含湿量 d_1（环境含湿量）的增大，系统除湿量 MRC 及系统制冷量 Q_c 均快速升高，增幅分别为 83.2% 和 61.1%。从图 4-39 中可以看出，系统热力性能系数 $TCOP$ 升高明显，其涨幅约为 70.0%。

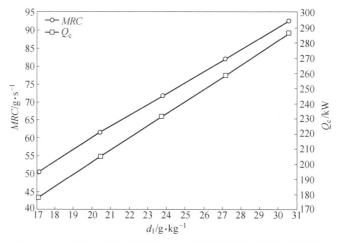

图 4-38　处理空气进口含湿量 d_1 对系统除湿量及制冷量的影响

从以上数据可见，环境含湿量的增高，增大了系统的质传递的驱动力，即增大了处理空气与系统间的水蒸气分压力差，从而使系统除湿性能显著升高，但由于显热势差并没有得到改变（处理空气进口温度不变），因此系统的出口送风温度变化不大。综上，系统在深井湿度较高的环境下具有更大的节能潜力和更优的除湿性能。

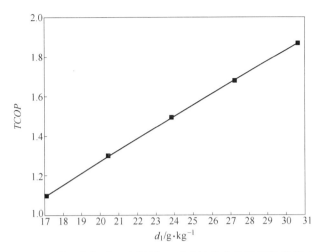

图 4-39 处理空气进口含湿量 d_1 对系统热力性能系数的影响

C 处理空气流量的影响

系统运行工况为：处理空气进口干球温度 t_1（环境温度）为 35.1℃，处理空气进口含湿量 d_1（环境含湿量）为 17.1g/kg；再生温度 t_{11} 及 t_{14} 均为 70℃，再生空气流量 G_r 与处理空气流量 G_a 相同；供水温度 t_{w1} 为 18℃，供水总流量 G_w 为 4kg/s，预冷流量占总供水量的比例 z 为 0.4；处理空气流量 G_a 从 2kg/s 变化到 10kg/s。

从图 4-40 中可以看出，随着处理空气流量 G_a 的升高，系统出口送风温度 t_3 逐渐增加，涨幅为 39.6%，而系统出口送风含湿量 d_3 先减小后持续增加，最大变化为 13.1%。可见，处理空气流量的增加，系统的送风温度及送风含湿量都呈升高的趋势。

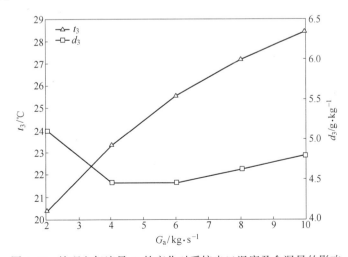

图 4-40 处理空气流量 G_a 的变化对系统出口温度及含湿量的影响

从图 4-41 中可见，随着处理空气流量 G_a 的升高，系统的除湿量 *MCR* 及系统制冷量 Q_c 均显著增加，增幅分别为 413.4% 和 319.0%。从数据可见，处理空气流量的增加，系统除湿量及制冷量均能得到大幅度的增长。

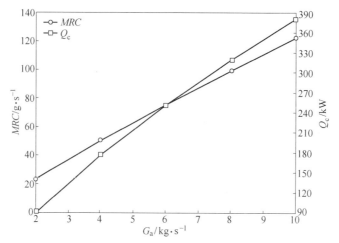

图 4-41   处理空气流量 G_a 的变化对系统除湿量及制冷量的影响

从图 4-42 中可见，随着处理空气流量 G_a 的升高，系统的热力性能系数 *TCOP* 先升高后减少，热力性能系数 *TCOP* 的最大值对应的最优流量为 4kg/s。可见，系统存在着最优的处理空气流量，从节能角度出发，处理空气流量应尽可能接近最优流量。

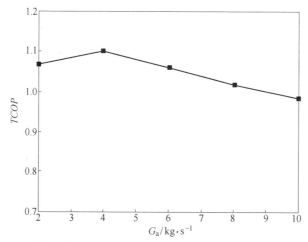

图 4-42   处理空气流量 G_a 的变化对系统热力性能系数 *TCOP* 的影响

造成上述变化的主要原因是：处理空气流量 G_a 的增加，减少了处理空气与系统间的接触时间（进而导致两者间的热质交换不充分），因而使得系统出口送

风温度 t_3 逐渐升高，送风含湿量 d_3 亦呈逐渐增大的趋势。热质交换时间的降低，使得系统与处理空气之间的平均热质传递势差增大（最后维持不变），又因为处理空气流量 G_a 变大，从而导致系统的除湿量及制冷量均得到迅速提高。虽然系统的制冷量 Q_c 随着处理空气流量 G_a 的增大而升高，但系统的加热量亦会持续上升（再生空气流量等于处理空气流量），因此系统的热力性能系数 $TCOP$ 会存在一个最大值。

综上，在系统满足用户的送风温度及湿度需求的前提下，处理空气流量应尽可能接近最优处理空气流量，这样才能实现系统的节能。

D 辅助空气加热器出口再生温度的影响

系统运行工况为：处理空气进口干球温度 t_1（环境温度）为 35.1℃，处理空气进口含湿量 d_1（环境含湿量）为 17.1g/kg，处理空气流量 G_a 为 4kg/s；空气加热器出口再生温度 t_{14} 为 70℃，再生空气流量 G_r 与处理空气流量 G_a 相同；供水温度 t_{w1} 为 18℃，供水总流量 G_w 为 4kg/s，预冷流量占总供水量的比例 z 为 0.4；辅助空气加热器出口再生温度 t_{11} 从 50℃变化到 90℃。

从图 4-43 中可以看出，随着再生温度 t_{11} 的升高，系统送风温度 t_3 缓慢增大，涨幅仅为 3.2%；系统送风含湿量 d_3 降低显著，减幅为 48.6%。可见，再生温度 t_{11} 的升高，对系统送风温度 t_3 影响不大，但对送风含湿量 d_3 影响明显。造成上述变化的主要原因是：再生温度 t_{11} 的升高，增强了除湿转轮 A 的除湿性能，进而增强了系统的整体除湿能力；又由于再生温度 t_{11} 的升高，导致除湿温升增大，因此系统的出口送风温度会有略微升高。

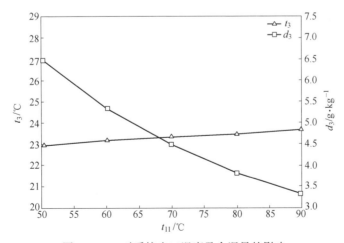

图 4-43 t_{11} 对系统出口温度及含湿量的影响

从图 4-44 中可以看出，随着再生温度 t_{11} 的升高，系统的除湿量 MCR 及系统制冷量 Q_c 均得到明显的提高，增幅分别为 29.8% 和 18.3%。虽然系统出口送风

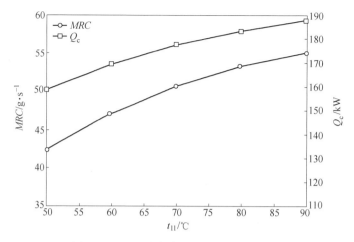

图 4-44 t_{11} 对系统除湿量及制冷量的影响

温度 t_3 随着再生温度 t_{11} 的升高而缓慢增大（涨幅仅为 3.2%），即系统的显热负荷在减少，但由于系统除湿量 MCR 增长明显（增幅为 29.8%），即潜热负荷在升高，因此综合后的全热负荷（系统制冷量 Q_c）能得到显著的提高（涨幅 18.3%）。

从图 4-45 中可以看出，随着再生温度 t_{11} 的升高，系统的热力性能系数 $TCOP$ 减小，减幅为 44.3%。可见，再生温度 t_{11} 的升高虽然能增大系统的制冷量，但由于再生空气加热量（代价）的增加幅度比系统制冷量（收益）的要多，因此系统的热力性能系数 $TCOP$ 会显著减少。

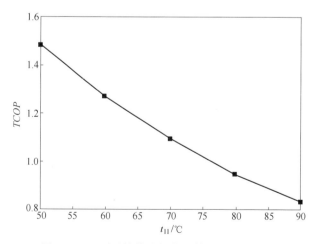

图 4-45 t_{11} 对系统热力性能系数 $TCOP$ 的影响

综上，再生温度 t_{11} 的升高能增强系统的除湿量及制冷量，但系统的能效

（$TCOP$）会下降。

E　供水温度的影响

系统运行工况为：处理空气进口干球温度 t_1（环境温度）为 35.1℃，处理空气进口含湿量 d_1（环境含湿量）为 17.1g/kg，处理空气流量 G_a 为 4kg/s；再生温度 t_{11} 和 t_{14} 均为 70℃，再生空气流量 G_r 与处理空气流量 G_a 相同；供水总流量 G_w 为 4kg/s，预冷流量占总供水量的比例 z 为 0.4，供水温度 t_{w1} 从 16℃变化到 24℃。

从图 4-46 中可以看出，随着供水温度 t_{w1} 的升高，系统送风温度 t_3 和 d_3 皆有明显的升高，涨幅分别为 28.8% 和 135.7%。可见，供水温度 t_{w1} 的增大，对系统的出口送风温度及湿度影响明显。

从图 4-47 中可以看出，随着供水温度 t_{w1} 的升高，系统的除湿量 MRC 及制冷量 Q_c 都在大幅度下降，减幅分别为 35.6%、38.7%。

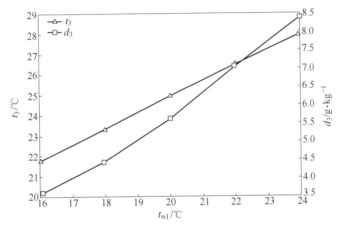

图 4-46　供水温度 t_{w1} 对系统出口温度及含湿量的影响

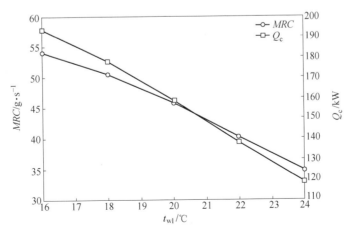

图 4-47　供水温度 t_{w1} 对系统除湿量及制冷量的影响

综上，供水温度 t_{w1} 是系统降温除湿性能的主要影响因素。应合理选用供水温度 t_{w1}，尽可能选用自然冷源，当自然冷源冷量不足时，可考虑与机械制冷相结合。

F　供水流量的影响

系统运行工况为：处理空气进口干球温度 t_1（环境温度）为 35.1℃，处理空气进口含湿量 d_1（环境含湿量）为 17.1g/kg，处理空气流量 G_a 为 4kg/s；再生温度 t_{11} 和 t_{14} 均为 70℃，再生空气流量 G_r 与处理空气流量 G_a 相同；供水温度 t_{w1} 为 18℃，预冷流量占总供水量的比例 z 为 0.4，供水总流量 G_w 从 2kg/s 变化到 10kg/s。

从图 4-48 中可以看出，随着供水流量 G_w 的升高，系统送风温度 t_3 逐渐减小，减幅为 15.0%；送风含湿量 d_3 逐渐增大，涨幅为 22.9%。可见，供水流量 G_w 的升高对系统的降温有利，而对除湿不利。主要原因是：供水流量 G_w 的增多，降低了冷却器的表面温度，使之更接近于供水温度，从而增大了系统与处理空气之间的传热温差，因此系统出口的送风温度 t_3 会逐渐减少，而后趋于平缓；虽然预冷能增强系统中除湿转轮 A 的除湿量（干预冷的前提下），但由于空气预冷器表面温度低于处理空气露点温度，因此在预冷环节下会有冷凝水析出，而随着供水流量 G_w 的增多，预冷承担处理空气的潜热负荷就增多，使之进入除湿转轮 A 中的处理空气含湿量减少（弱化了除湿转轮 A 的除湿量），综合效果是除湿转轮 A 的除湿能力略有降低，总的作用是使得系统的出口送风含湿量 d_3 逐渐增大，最后趋于定值。

从图 4-49 中可以看出，随着供水流量 G_w 的升高，系统除湿量 MRC 下降，减

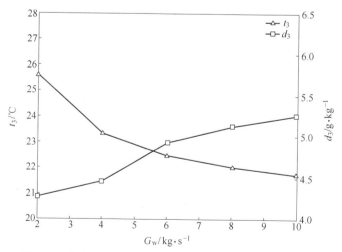

图 4-48　供水流量 G_w 变化对系统出口温度及含湿量的影响

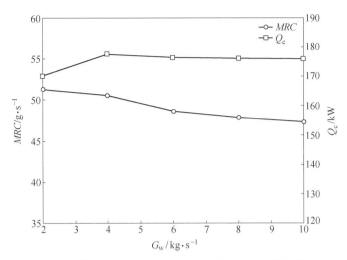

图 4-49　供水流量 G_w 变化对系统除湿量及制冷量的影响

幅为 7.6%；系统制冷量 Q_c 在升高而后趋于稳定，涨幅为 3.4%。可见，供水流量 G_w 的升高对系统制冷量 Q_c 的影响不大，而后系统制冷量 Q_c 趋于一定值；供水流量 G_w 的升高对系统除湿量 MRC 的影响要比对制冷量 Q_c 的影响要略大些。

上述分析中可知，供水流量 G_w 不宜过高也不宜过低，过高了对增大系统的制冷量 Q_c 无明显作用，反而降低了系统的除湿量 MRC；而过低了系统的制冷量 Q_c 又无法保证。因此在保证系统制冷量满足用户要求的前提下时，应尽可能选择小一些的供水流量。

G　预冷流量占比的影响

系统运行工况为：处理空气进口干球温度 t_1（环境温度）为 35.1℃，处理空气进口含湿量 d_1（环境含湿量）为 17.1g/kg，处理空气流量 G_a 为 4kg/s；再生温度 t_{11} 和 t_{14} 均为 70℃，再生空气流量 G_r 与处理空气流量 G_a 相同；供水温度 t_{w1} 为 18℃，供水总流量 G_w 为 4kg/s，预冷流量占总供水量的比例 z 从 0.3 变化到 0.7。

从图 4-50 中可以看出，随着预冷流量占比 z 的增大，系统送风温度 t_3 和 d_3 逐渐升高，增幅分别为 10.6% 和 17.4%。

从图 4-51 中可以看出，随着预冷流量占比 z 的增大，系统的除湿量 MRC 和制冷量 Q_c 均在下降，减幅分别为 5.9%、9.7%。

从图 4-52 中可以看出，随着预冷流量占比 z 的增大，系统的热力性能系数 $TCOP$ 在逐渐减小，降幅为 12.5%。

从上述数据中可见，预冷流量占比 z 的增大，对系统的降温和除湿皆产生不利的影响，但过小的预冷流量占比又凸显不出空气预冷器在系统中的节能作用。其主要原因是，系统在工况选定过程中，选取了较低的供水温度 t_{w1}（18℃），该

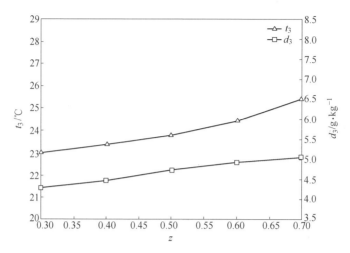

图 4-50　z 对系统出口温度及含湿量的影响

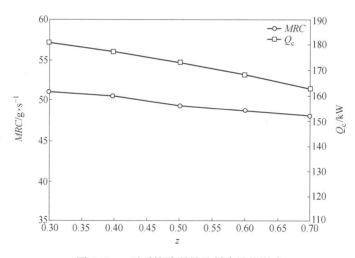

图 4-51　z 对系统除湿量及制冷量的影响

温度低于处理空气的露点温度，因而会有冷凝水的析出，从而导致除湿转轮 A 的进口处理空气含湿量降低，因此弱化了除湿转轮 A 的除湿能力，最终导致送风含湿量 d_3 增多。实际上，预冷并不需要过低的供水温度，只需要高于处理空气的露点温度即可，这样才能像前面所述那样（干工况预冷）实现预冷对系统的节能作用。综上，预冷流量占比 z 的选取要结合系统的具体运行工况。

4.3.4　小结

（1）针对高温高湿深井处理空气，本节提出采用深井双转轮吸附降温系统，

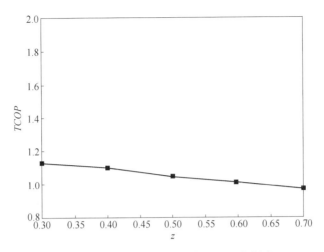

图 4-52 z 对系统热力性能系数 $TCOP$ 的影响

为了科学合理评价系统的用能，建立了深井双转轮吸附降温系统的㶲分析模型，并计算了系统的㶲能耗。

（2）深井双转轮吸附降温系统总㶲损失减少了 52.7%，㶲效率提高了 114.7%。这说明低温驱动双转轮除湿降温系统不可逆损失更少，热力完善程度更高。

（3）建立了深井双转轮吸附降温系统的数学计算模型，利用 MATLAB 软件编程，研究不同工况下系统的性能的影响。研究结果表明，处理空气进口温度的升高，提高了系统的制冷量，但对系统的送风含湿量和除湿量影响不大。处理空气进口含湿量的增大，显著升高了系统的送风含湿量，而对送风温度影响微弱。处理空气流量的增大，升高了系统的送风温度及含湿量，但却明显增加了系统的制冷量和除湿量。再生温度的增大，对系统的送风温度影响不大，但却明显减小了送风含湿量。供水温度的增大，对系统的降温除湿性能都产生了显著的不良影响。预冷流量占比的增大，对系统的降温和除湿皆产生不利的影响，但过小的预冷流量占比又凸显不出空气预冷器在系统中的节能作用。因此，如果供水温度低于系统进口处理空气的露点温度，那么预冷流量占比 z 需要选小一些（建议 0.3）；如果供水温度高于系统进口处理空气的露点温度，那么预冷流量占比 z 可以选大一些（建议 0.5）。

参 考 文 献

[1] 何满潮, 郭平业. 深部岩石热力学及热控技术 [M]. 北京: 科学出版社, 2017.

[2] Whillier A. Refrigeration applied in the cooling of mines [J]. International Journal of Refrigeration, 2000, 3 (6): 341~345.

[3] 彭苏萍. 深部煤炭资源赋存规律与开发地质评价研究现状及今后发展趋势 [J]. 煤, 2008, 17 (2): 4.

[4] [联邦德国] 约阿希姆·福斯. 矿井气候 [M]. 刘从孝, 译. 北京: 煤炭工业出版社, 1989.

[5] 张国枢. 通风与安全学 [M]. 徐州: 中国矿业大学出版社, 2009.

[6] 何丽娟, 胡圣标, 杨文采, 等. 中国大陆科学钻探主孔动态地温测量 [J]. 地球物理学报, 2006 (3): 745~752.

[7] 辛嵩. 矿井热害防治 [M]. 北京: 煤炭工业出版社, 2011.

[8] 杨德源, 杨天鸿. 矿井热环境及其控制 [M]. 北京: 冶金工业出版社, 2009.

[9] 孙培德. 计算非稳定传热系数的新方法 [J]. 中国矿业大学学报, 1991 (2): 36~40.

[10] 秦跃平, 秦凤华, 党海正. 用差分法结算巷道围岩与风流不稳定换热准则 [J]. 湘潭矿业学院学报, 1998, 13 (1): 6~10.

[11] 吴强, 秦跃平, 郭亮, 等. 巷道围岩非稳态温度场有限元分析 [J]. 辽宁工程技术大学学报, 2002 (5): 604~607.

[12] 张树光, 孙树魁, 张向东, 等. 热害矿井巷道温度场分布规律研究 [J]. 中国地质灾害与防治学报, 2003 (3): 12~14.

[13] 高建良, 杨明. 巷道围岩温度分布及调热圈半径的影响因素分析 [J]. 中国安全科学学报, 2005 (2): 76~79.

[14] 张习军, 姬建虎, 陆伟. 深热矿井巷道围岩的热分析 [J]. 煤矿开采, 2009 (2): 5~7, 13.

[15] 王世东, 虎维岳, 张文忠. 深部裂隙岩体温度场及其控制因素 [J]. 太原理工大学学报, 2010 (5): 613~615, 618.

[16] 樊小利, 张学博. 围岩温度场及调热圈半径的半显式差分法解算 [J]. 煤炭工程, 2011 (7): 82~84.

[17] 张源, 万志军, 周长冰, 等. 巷道/隧道围岩非稳态导热模化试验方法 [J]. 采矿与安全工程学报, 2014 (3): 441~446.

[18] 刘何清, 何昌富, 杨威, 等. 巷道变温圈内温度分布及不稳定传热系求解方法 [J]. 湖南科技大学学报 (自然科学版), 2015 (4): 7~13.

[19] Roy T R, Singh B. Computer simulation of transient climatic conditions in underground airways [J]. Mining Science and Technology, 1991, 13: 395~402.

[20] 孙培德. 深井巷道围岩地温场温度分布可视化模拟研究 [J]. 岩土力学, 2005, 26 (S2): 222~226.

[21] 张树光. 深埋巷道围岩温度场的数值模拟分析 [J]. 科学技术与工程, 2006 (14):

2194～2196.

[22] 黎明镜. 深井巷道围岩温度场分布规律研究 [J]. 山西建筑, 2010, 36 (12): 89～90.

[23] 张庆松, 高阳, 李术才, 等. 含水构造附近围岩温度场响应特征与影响因素研究 [J]. 山东大学学报 (工学版), 2011 (3): 72～77.

[24] 谭贤君, 陈卫忠, 于洪丹, 等. 考虑通风影响的寒区隧道围岩温度场及防寒保温材料敷设长度研究 [J]. 岩石力学与工程学报, 2013 (7): 1400～1409.

[25] 陈柳, 韩斐. 矿井围岩温度场分布规律 [J]. 煤矿安全, 2017, 48 (2): 56～59, 64.

[26] 秦跃平, 宋怀涛, 吴建松, 等. 周期性边界下围岩温度场有限体积法分析 [J]. 煤炭学报, 2015 (7): 1541～1549.

[27] 孔松, 吴建松, 郭伟旗, 等. 掘进工作面围岩温度场的无因次分析 [J]. 辽宁工程技术大学学报 (自然科学版), 2016 (6): 576～580.

[28] 宿辉, 李向辉, 汪健, 等. 高地温隧洞围岩温度场有限元分析 [J]. 水电能源科学, 2016 (2): 107～109.

[29] 何发龙, 魏亚兴, 胡汉华, 等. 巷道调热圈半径及其温度场分布的数值模拟研究 [J]. 铁道科学与工程学报, 2016 (3): 538～543.

[30] 陈柳, 张瑜. 巷道围岩渗流与传热耦合数值模拟研究 [J]. 矿业研究与开发, 2017, 37 (8): 15～20.

[31] 王义江. 深部热环境围岩及风流传热传质研究 [D]. 北京: 中国矿业大学 (北京), 2010.

[32] 张源. 高地温巷道围岩非稳态温度场及隔热降温机理研究 [D]. 北京: 中国矿业大学 (北京), 2013.

[33] 高阳, 张庆松, 李术才, 等. 矿井巷道掘进过程中含水构造附近岩体温度场的模型试验研究 [J]. 中南大学学报 (自然科学版), 2014 (2): 550～556.

[34] 平松良雄, 等. 关于气流冷却坑内的研究 (日文版) [J]. 日本矿业杂志, 1955 (71).

[35] 内野健一, 等. 湿润坑道的通气温度及湿度的变化 (日文版) [J]. 日本矿业杂志, 1982 (98).

[36] Standfield A M, Bleloch A L. A new method for the computation of heat and massture in a partly wet airway [J]. J S African 1nst Mine Metal, 1983, 10.

[37] 杨德源. 矿井风流热交换 [J]. 煤矿安全, 2003, 34 (B09): 94～97.

[38] 岑衍强, 胡春胜, 侯祺棕. 井巷围岩与风流间围岩与风流换热系数的探讨 [J]. 阜新矿业学院学报, 1987, 6 (3): 105～113.

[39] 周西华, 单亚飞, 等. 井巷围岩与风流的不稳定换热 [J]. 辽宁工程技术大学学报, 2002, 21 (3): 264～266.

[40] 秦跃平, 秦风华, 徐国峰. 制冷降温掘进工作面的风温预测及需冷量计算 [J]. 煤炭学报, 1998, 23: 611～615.

[41] 程卫民. 基于神经元网络的巷道风流温湿度预测法 [J]. 煤矿安全, 1998, 12 (3): 34～37.

[42] 刘何清, 吴超. 矿井湿润巷道壁面对流换热量简化算法研究 [J]. 山东科技大学学报

（自然科学版），2010，29（2）：57~62.

［43］ Krasnoshtein A E，Kazakov B P，Shalimov A V. Modeling phenomena of non-stationary heat exchange between mine air and a rock mass［J］. Journal of Mining Science，2007，43（5）：522~529.

［44］ Kazakov B P，Shalimov A V，Grishin E L. Two-layer approximated approach to heat exchange between the feed air and ventilation shaft lining［J］. Journal of Mining Science，2011，47（5）：643~650.

［45］ 姬建虎，廖强，胡千庭，等. 掘进工作面冲击射流换热特性［J］. 煤炭学报，2013，38（4）：554~560.

［46］ Danko G，Bahrami D. Application of MULTIFLUX for air，heat and moisture flow simulations［C］//North American Mine Ventilation Symposium 2008. Nevada：Nevada University Press，2008：267~274.

［47］ 赵运超，梁栋，孙京凯，等. 回采工作面空调降温效果的数值分析［J］. 矿业安全与环保，2007，34（6）：18~20.

［48］ 肖林京，肖洪彬，李振华，等. 基于 ANSYS 的综采工作面降温优化设计［J］. 矿业安全与环保，2008，35（1）：21~23.

［49］ 刘何清，吴超，王卫军，等. 矿井降温技术研究述评［J］. 金属矿山，2005（6）：43~46.

［50］ 朱林. 制冷降温技术在平煤四矿的研究与应用［J］. 煤矿开采，2011，16（2）：56~58.

［51］ 卫修君，胡春胜. 热-电-乙二醇低温制冷矿井降温技术的研究及应用［J］. 矿业安全与环保，2009，36（1）：20~22，25.

［52］ 莫技. 老矿深井灾害治理技术实践［J］. 煤矿安全，2011，42（1）：110~112.

［53］ 黄书翔，孙京凯，陈金玉，等. 浅谈唐口煤矿降温技术［J］. 煤矿安全，2007，38（6）：63~65.

［54］ 崔忠，冯英博，曹品伟，等. 机械压缩式集中制冰降温技术在煤矿的应用［J］. 煤矿机电，2012（4）：111~113.

［55］ 杜卫新，王慧才. 高温矿井冰浆冷却空调系统设计与应用［J］. 中州煤炭，2009（8）：14，15，18.

［56］ 吴继忠，刘祥来，姚向东，等. 孔庄煤矿集中降温方案的选择与优化［J］. 中国工程科学，2011，13（11）：59~67.

［57］ Del Castillo D O，Burn A，Pieters A，et al. The design and implementation of a 17MW thermal storage cooling system on a South African mine［C］//International Congress of Refrigeration，Washington DC，2003：1-8.

［58］ 吴先瑞，彭毓全. 德国矿井降温技术考察［J］. 江苏煤炭，1992（4）：8~11.

［59］ Wilson R W. Design and construction of a surface air cooling and refrigeration installation at a South African mine［J］. Journal of the Mine Ventilation Society of South Africa，2011，64（4）：14~18.

［60］ 胡春胜. 孙村煤矿深部制冷降温技术的研究与应用研究［J］. 矿业安全与环保，2005，

32（5）：45~47，53.

[61] 张习军，王长元，姬建虎，等. 矿井热害治理技术及其发展现状 [J]. 煤矿安全，2009，40（3）：33~37.

[62] 何满潮，徐敏. HEMS 深井降温系统研发及热害控制对策 [J]. 岩石力学与工程学报，2008，27（7）：1353~1361.

[63] 丁勇军，邵晓伟，张枕薪，等. 赵楼煤矿井下集中式水冷降温系统的应用 [J]. 煤炭技术，2011，30（9）：77~78.

[64] 余海亮，荆现锋，朱光辉，等. 矿井综合降温设计与实施 [J]. 华北科技学院学报，2010，7（1）：23~27.

[65] 葛逸群，蒋小平. 张集煤矿深部开采高温治理探讨 [J]. 能源技术与管理，2012（2）：120~122.

[66] 郝明奎. 徐州矿区深井热能利用和热害治理的研究 [J]. 煤炭科技，2012（2）：1~4.

[67] 李红，庞坤亮. 周源山煤矿深井降温系统设计 [J]. 制冷与空调（四川），2013（5）：469~472.

[68] Chorowski M，Gizicki W，Reszewski S. Air condition system for copper mine based on triseneration system [J]. Journal of the Mine Ventilation Society of South Africa，2012，65（2）：20~24.

[69] Xin Song，Wang Wei. Research on compressed air and evaporative cooling in the prevention of the mine local thermal disaster [C] //2010 International Conference on Mine Hazards Prevention and Control，2010：610~616.

[70] 张亚平，冯全科，余小玲，等. 分离式热管在矿井降温中的探索 [J]. 煤炭工程，2007（1）：50~51.

[71] National Research Council（US）Committee on Fracture Characterization and Fluid Flow. Rock fractures and fluid flow：Contemporary understanding and applications [M]. National Academy Press，1996：316.

[72] 张靖周. 高等传热学 [M]. 2 版. 北京：科学出版社，2015：175~179.

[73] 王丰. 相似理论及其在传热学中的应用 [M]. 北京：高等教育出版社，1990：131~161.

[74] 蔡增基，龙天渝. 流体力学泵与风机 [M]. 北京：中国建筑工业出版社，1999：278.

[75] 江亿. 温湿度独立控制空调系统 [M]. 北京：中国建筑工业出版社，2006.

[76] Comino F，Ruiz de Adana M. Experimental and numerical analysis of desiccant wheels activated at low temperatures [J]. Energy and Buildings，2016，133：529~540.

冶金工业出版社部分图书推荐

书　名	作　者	定价(元)
中国冶金百科全书·采矿卷	本书编委会　编	180.00
中国冶金百科全书·选矿卷	编委会　编	140.00
选矿工程师手册（共4册）	孙传尧　主编	950.00
金属及矿产品深加工	戴永年　等著	118.00
环境保护及其法规（第2版）	任效乾　等编著	45.00
露天矿开采方案优化——理论、模型、算法　及其应用	王　青　著	40.00
金属矿床露天转地下协同开采技术	任凤玉　著	30.00
选矿试验研究与产业化	朱俊士　等编	138.00
金属矿山采空区灾害防治技术	宋卫东　等著	45.00
尾砂固结排放技术	侯运炳　等著	59.00
矿山环境工程（第2版）（本科国规教材）	蒋仲安　主编	39.00
能源与环境（本科国规教材）	冯俊小　主编	35.00
地质学（第5版）（本科国规教材）	徐九华　主编	48.00
空气调节工程（本科教材）	谢　慧　等编	56.00
现代充填理论与技术（第2版）（本科教材）	蔡嗣经　编著	28.00
金属矿床地下开采（第3版）（本科教材）	任凤玉　主编	58.00
环境保护概念（本科教材）	吴长航　主编	39.00
环境概论（本科教材）	孟繁明　主编	36.00
建筑环境学辅助与习题（本科教材）	张亚平　主编	19.00
边坡工程（本科教材）	吴顺川　主编	59.00
金属矿床地下开采采矿方法设计指导书　（本科教材）	徐　帅　主编	50.00
采矿工程概论（本科教材）	黄志安　等编	39.00
矿产资源综合利用（高校教材）	张　佶　主编	30.00
露天矿开采技术（第2版）（职教国规教材）	夏建波　主编	35.00
井巷设计与施工（第2版）（职教国规教材）	李长权　主编	35.00
工程爆破（第3版）（职教国规教材）	翁春林　主编	35.00
金属矿床地下开采（高职高专教材）	李建波　主编	42.00